멘사 아이큐 테스트 실전편

Mensa The Genius Test

By Josephine Fulton

IQ 148을 위한

MENSA
멘사 아이큐 테스트 실전편
TEST

조세핀 풀턴 지음 | 강미경 옮김

멘사코리아 감수

보누스

저마다 타고난 능력은 다르다

우선 밝혀둘 게 하나 있다. 이 책을 읽는다고 해서 셰익스피어 같은 위대한 작가나 모차르트처럼 위대한 음악가나 아인슈타인 같은 위대한 과학자가 될 수는 없다. 유감스럽지만 어쩔 수 없는 일이다. 이 책의 목적은 천재란 무엇이며, 과거의 천재들은 어땠는지, 나아가 그들을 조금이라도 본받아 우리의 능력을 크게 확장하는 것이 과연 가능한지를 알아보는 데 있다. 심리학자들은 우리는 저마다 놀라운 능력을 가지고 있으며, 갇혀 있어 그렇지 물꼬만 터주면 주변 사람 모두를 놀라게 할 능력을 발휘할 수 있다고 말한다. 관건은 갇혀 있는 능력이 콸콸 쏟아져 나오게 하는 '방법'이다.

이 책에는 창의적인 방법을 통해 저마다 타고난 능력을 끌어내도록 특별히 개발한 연습 문제가 수록되어 있다. 연습 문제를 풀면서 여러분은 자신 안에 내재되어 있는 능력을 발견하게 될 것이다. 아울러 이 책에는 집중력, 인내심, 사고의 독창성, 논리적인 추론 능력과 같은 요소들을 시험하는 문제들도 있다. 이 테스트가 끝나고 나면 여러분의 의식 밑에 잠들어 있는 무의식을 탐사

할 것이다.

하지만 테스트를 시작하기 전에 먼저 지금까지 사람들은 어떤 점을 천재의 징표로 여겨왔는지를 살펴볼 것이다. 어쨌든 이 주제에 관해서는 의견이 분분하다. 사람들에게 각자가 좋아하는 천재가 누구누구인지 물어보아라. 여러분이 생각하는 명단과 매우 다를 수도 있다.

천재에 대한 정의를 웬만큼 내리고 난 다음에는 천재성과 관련된 다양한 요소들을 살펴볼 것이다. 지능은 천재의 특징 가운데 하나다. 하지만 지능이 매우 뛰어나다는 이유만으로 천재라고 정의할 수 있을까? 만약 그렇다면 우리 주변은 천재로 넘쳐날 것이다. 모차르트가 IQ 테스트를 받는다면 결과가 어떻게 나올까? 지능과 천재성의 관계에 대해 나는 멘사 정신측정학회 회장을 지낸 로버트 알렌의 도움을 받았다. 그는 10년 넘게 지능이 높은 성인 및 아동들과 지내고 있다. 덕분에 이 세상 누구보다도 그들의 행동에 대해 잘 알고 있다고 해도 무방하다.

천재에 관한 이야기를 읽기에 앞서 여러분이 생각하는 가장 위대한 천재 10명의 목록을 추천 이유와 함께 작성해보자. 이 일을 끝내기 전에 절대 책을 읽어서는 안 된다!

목록을 완성했으면 테스트를 풀며 천재는 어떻게 사고하고 행동하는지 생각해보자. 어쩌면 내 안에 잠든 놀라운 능력을 발견할지도 모른다.

조세핀 풀턴

내 안에 잠든 천재성을 깨워라

영국에서 시작된 멘사는 1946년 롤랜드 베릴(Roland Berill)과 랜스 웨어 박사(Dr. Lance Ware)가 창립하였다. 멘사를 만들 당시에는 '머리 좋은 사람들'을 모아서 윤리·사회·교육 문제에 대한 깊이 있는 토의를 진행시켜 국가에 조언할 수 있는, 현재의 헤리티지 재단이나 국가 전략 연구소 같은 '싱크 탱크'(Think Tank)로 발전시킬 계획을 가지고 있었다. 하지만 회원들의 관심사나 성격들이 너무나 다양하여 그런 무겁고 심각한 주제에 집중할 수 없었다.

그로부터 30년이 흘러 멘사는 규모가 커지고 발전하였지만, 멘사 전체를 아우를 수 있는 공통의 관심사는 오히려 퍼즐을 만들고 푸는 일이었다. 1976년 〈리더스 다이제스트〉라는 잡지가 멘사라는 흥미로운 집단을 발견하고 이들로부터 퍼즐을 제공받아 몇 개월간 연재하였다. 퍼즐 연재는 그 당시까지 2천~3천 명에 불과하던 멘사의 전 세계 회원수를 13만 명 규모로 증폭시킨계기가 되었다. 비밀에 싸여 있던 신비한 모임이 퍼즐을 좋아하는 사람이라면 누구나 참여할 수 있는 대중적인 집단으로 탈바꿈한 것이다. 물론 퍼즐을 즐기는 것 외에 IQ 상위 2%라는 일정한 기준을 넘어야 멘사 입회가 허락되지만 말이다.

어떤 사람들은 "머리 좋다는 친구들이 기껏 퍼즐이나 풀며 놀고 있다."라고 빈정대기도 하지만, 퍼즐은 순수한 지적 유희로 충분한 가치가 있다. 퍼즐은 숫자와 기호가 가진 논리적인 연관성을 찾아내는 일종의 암호풀기 놀이다. 겉으로는 별로 상관없어 보이는 것들의 연관 관계와, 그 속에 감추어진 의미를 찾아내는 지적인 보물찾기 놀이가 바로 퍼즐이다. 퍼즐은 아이들에게는 수리와 논리 훈련이 될 수 있고 청소년과 성인에게는 유쾌한 여가 활동, 노년층에게는 치매를 방지하는 지적인 건강지킴이 역할을 할 것이다.

시중에는 이런 저런 멘사 퍼즐 책이 많이 나와 있다. 이런 책들의 용도는 스스로 자신에게 멘사다운 특성이 있는지 알아보는 데 있다. 우선 책을 재미로 접근하기 바란다. 멘사 퍼즐은 아주 어렵거나 심각한 문제들이 아니다. 이런 퍼즐을 풀지 못한다고 해서 학습 능력이 떨어진다거나 무능한 것은 더더욱 아니다. 이 책에 재미를 느낀다면 지금까지 자신 안에 잠재된 능력을 눈치채지 못했을 뿐, 계발하기에 따라 달라지는 무한한 잠재 능력이 숨어 있는 사람일지도 모른다.

아무쪼록 여러분이 이 책을 즐길 수 있으면 좋겠다. 또 숨겨져 있던 자신의 능력을 발견하는 계기가 된다면 더더욱 좋겠다.

멘사코리아 전 회장
지형범

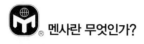# 멘사란 무엇인가?

멘사란 '탁자'를 뜻하는 라틴어로, 지능지수 상위 2% 이내(IQ 148 이상)의 사람만 가입할 수 있는 천재들의 모임이다. 1946년 영국에서 창설되어 현재 100여 개국 이상에 13만여 명의 회원이 있다. 멘사코리아는 1998년에 문을 열었다. 멘사의 목적은 다음과 같다.

- 첫째, 인류의 이익을 위해 인간의 지능을 탐구하고 배양한다.
- 둘째, 지능의 본질과 특징, 활용처 연구에 힘쓴다.
- 셋째, 회원들에게 지적 · 사회적으로 자극이 될 만한 환경을 마련한다.

IQ 점수가 전체 인구의 상위 2%에 해당하는 사람은 누구든 멘사 회원이 될 수 있다. 우리가 찾고 있는 '50명 가운데 한 명'이 혹시 당신은 아닌지?

멘사 회원이 되면 다음과 같은 혜택을 누릴 수 있다.

- 국내외의 네트워크 활동과 친목 활동
- 예술에서 동물학에 이르는 각종 취미 모임
- 매달 발행되는 회원용 잡지와 해당 지역의 소식지
- 게임 경시대회, 친목 도모 등을 위한 지역 모임
- 주말마다 열리는 국내외 모임과 회의
- 지적 자극에 도움이 되는 각종 강의와 세미나
- 여행객을 위한 세계적인 네트워크인 'SIGHT' 이용 가능

멘사에 대한 좀 더 자세한 정보는 멘사코리아의 홈페이지를 참고하기 바란다.

- 홈페이지 : www.mensakorea.org

Chapter 5 : 인성 테스트

Chapter 6 : 천재 트레이닝

Chapter 1

아이큐 테스트

지금까지 살펴보았듯이 천재는 IQ가 높다고 해서만 될 수 있는 것이 아니다. 하지만 높은 지능과 천재 사이에는 분명 연관 관계가 있다. 다음에 소개하는 테스트들은 여러분의 지능 수준을 측정하기 위해 개발되었다. 하지만 공인된 기준을 따르고 있지 않기 때문에 진정한 IQ를 알려주지는 못한다. 자신의 공식적인 IQ를 알고 싶다면 해당 지역의 멘사에 연락해 테스트를 받기 바란다.

TEST 1
공간 추론 테스트

제한시간 **30분**

공간 문제는 IQ 측정 도구로 매우 자주 사용된다. 여기에는 크게 두 가지 이유가 있다.

첫째, 습득된 지식과 전혀 상관없는 일종의 비언어 인지 능력이기 때문이다. 공간 추론 능력은 배운다고 해서 습득할 수 있는 능력이 아니다. 그런 점에서 공간 추론 능력은 타고난 지능에 가깝다고 할 수 있다. 숫자 능력과 언어 기술을 측정하는 테스트도 물론 중요하지만 그런 능력은 어느 정도의 교육을 통해 높은 점수를 받을 수 있기 때문에, 훈련의 효과가 테스트 결과에 지나치게 반영된다는 단점을 안고 있다.

둘째, 공간 추론 능력은 언어 능력과 무관하기 때문이다. 그래서 심리학자들은 이런 능력을 측정하는 테스트를 가리켜 '문화적으로 공정한 테스트'라고 부른다. 다시 말해 언어 위주의 테스트에 불편함을 느끼는 사람들(예를 들어 어린이들이나 모국어가 아닌 언어로 테스트를 받는 사람들)도 전혀 불리하지 않다.

다음 그림에서 나머지와 다른 하나는 보기 A~E 중 어떤 것인가?
삼각형을 생각하라.

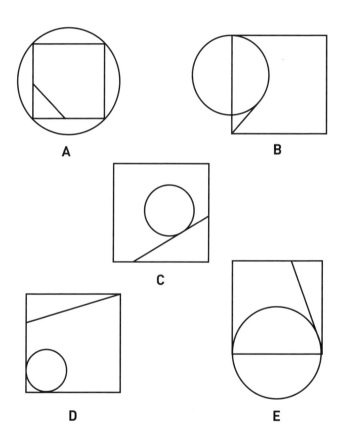

A

B

C

D

E

다음 연속된 그림에서 다음 차례에 올 그림은 보기 A~E 중 어떤
것인가?

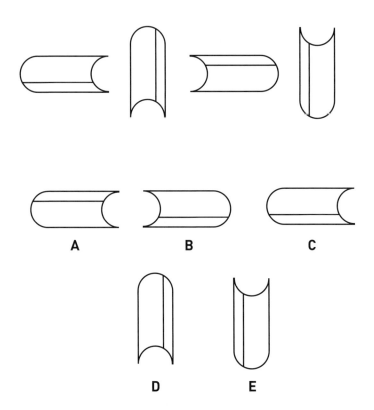

A   B   C

D   E

다음 연속된 그림에서 다음 차례에 올 그림은 보기 A~E 중 어떤 것인가?

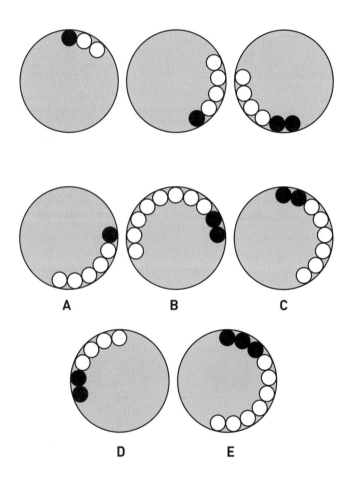

A   B   C

D   E

다음 그림에서 나머지와 다른 하나는 보기 A~E 중 어떤 것인가?

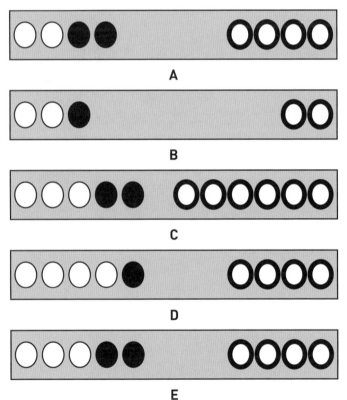

A

B

C

D

E

다음 연속된 그림에서 다음 차례에 올 그림은 보기 A~E 중 어떤 것인가?

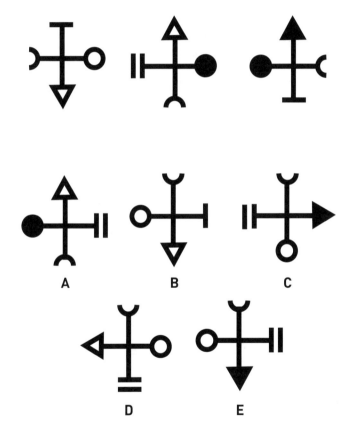

다음 그림에서 나머지와 다른 하나는 보기 A~E 중 어떤 것인가?

A   B   C

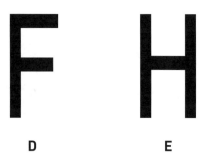

D   E

다음 그림에서 빈칸에 들어갈 모양을 유추하면 보기 A~E 중 어떤 것인가?

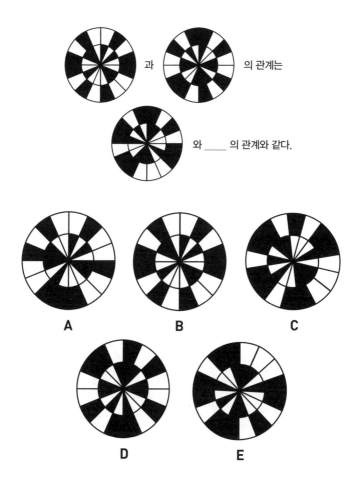

다음 그림에서 나머지와 다른 하나는 보기 A~E 중 어떤 것인가?

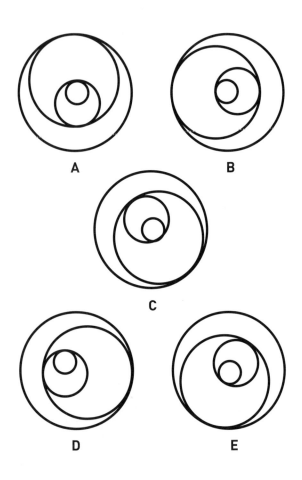

다음 그림에서 나머지와 다른 하나는 보기 A~E 중 어떤 것인가?

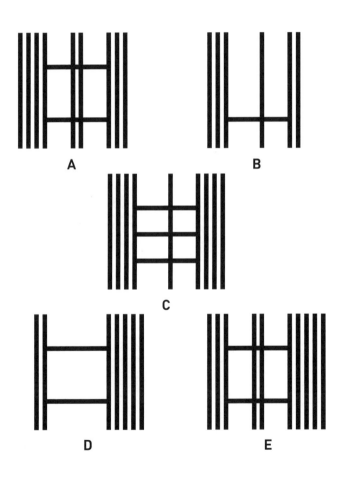

다음 그림에서 빈칸에 들어갈 모양을 유추하면 보기 A~E 중 어떤 것인가?

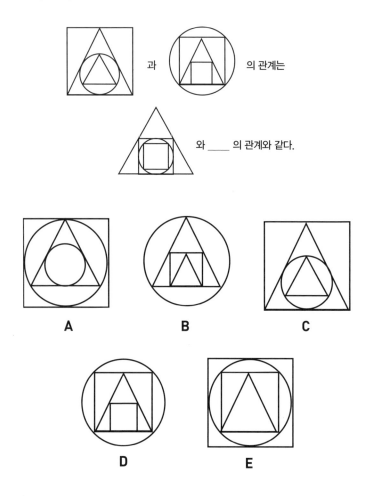

다음 연속된 문자 다음에 올 문자는 어떤 것인가?

LNQU?

12

다음 그림에서 빈칸에 들어갈 모양을 유추하면 보기 A~E 중 어떤 것인가?

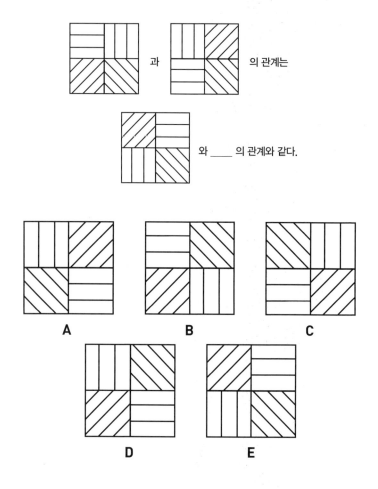

다음 그림에서 나머지와 다른 하나는 보기 A~E 중 어떤 것인가?

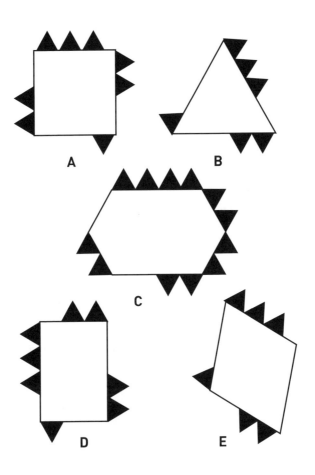

14

다음 그림에서 나머지와 다른 하나는 보기 A~E 중 어떤 것인가?

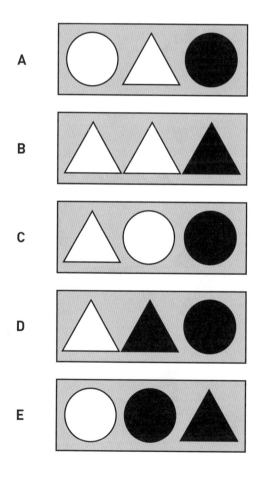

15

다음 그림에서 빈칸에 들어갈 모양을 유추하면 보기 A~E 중 어떤 것인가?

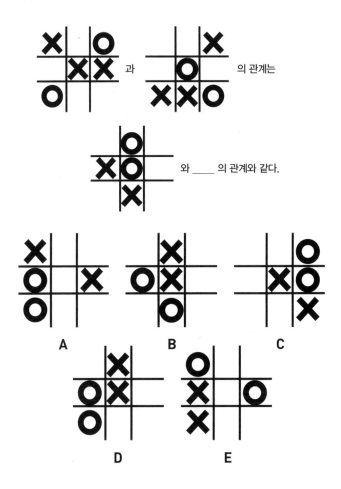

다음 평면도를 접었을 때 나올 수 있는 정육면체는 보기 A~E 중 어떤 것인가?

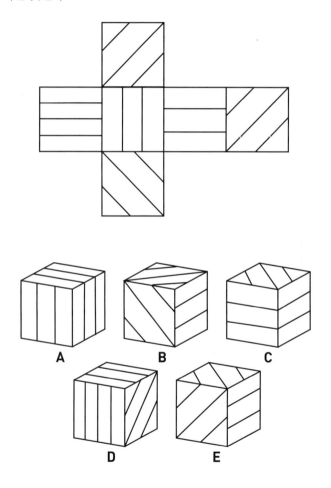

다음 평면도를 접었을 때 나올 수 있는 정육면체는 보기 A~E 중
어떤 것인가?

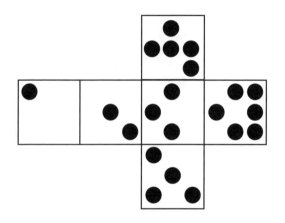

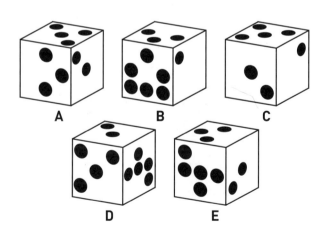

다음의 형태와 조합했을 때 사각형을 이루는 것은 보기 A~E 중
어떤 것인가?

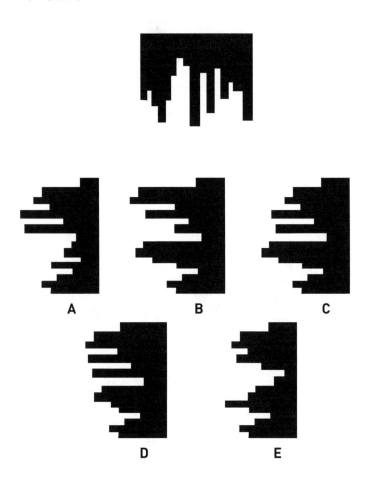

다음 연속된 그림에서 다음 차례에 올 그림은 보기 A~E 중 어떤 것인가?

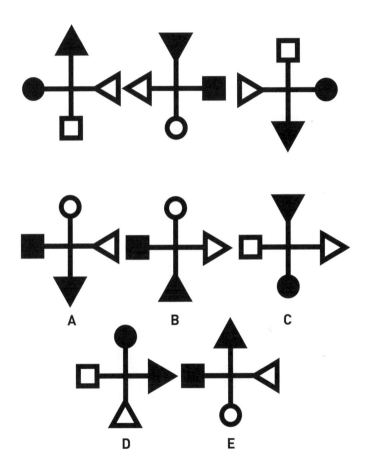

다음 그림에서 나머지와 다른 하나는 보기 A~E 중 어떤 것인가?

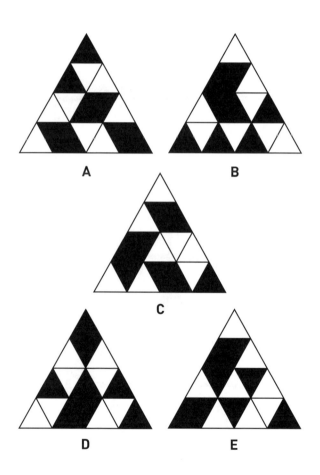

A

B

C

D

E

21

다음 그림에서 나머지와 다른 하나는 보기 A~E 중 어떤 것인가?

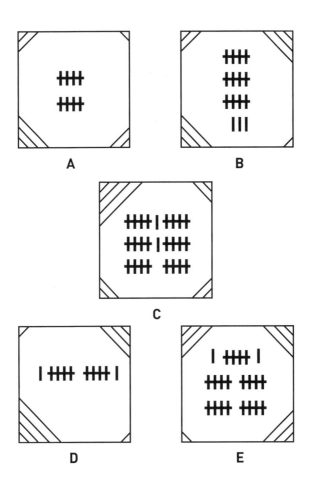

다음 그림에서 빈칸에 들어갈 모양을 유추하면 보기 A~E 중 어
떤 것인가?

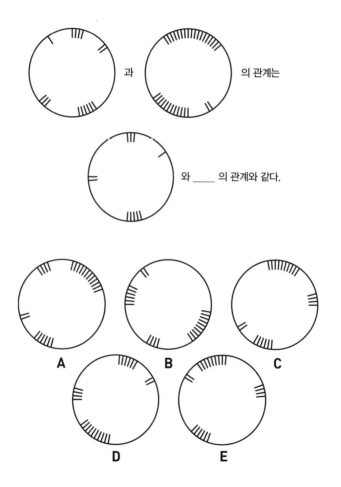

다음의 형태와 조합했을 때 다이아몬드를 이루는 것은 보기 A~E
중 어떤 것인가?

다음의 정육면체를 펼쳤을 때 나올 평면도는 A~E 중 어떤 것인가?

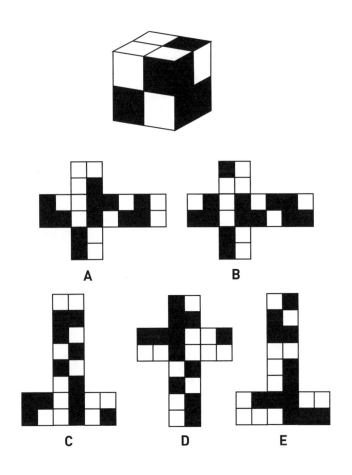

A

B

C

D

E

다음 그림에서 나머지와 다른 하나는 보기 A~E 중 어떤 것인가?

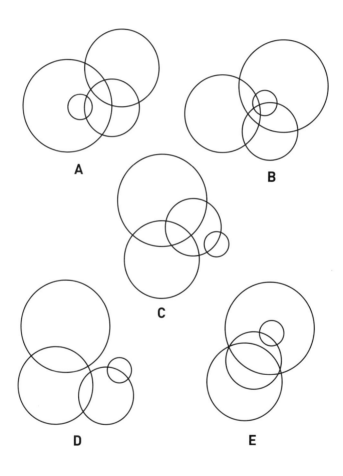

A

B

C

D

E

다음 그림에서 빈칸에 들어갈 모양을 유추하면 보기 A~E 중 어떤 것인가?

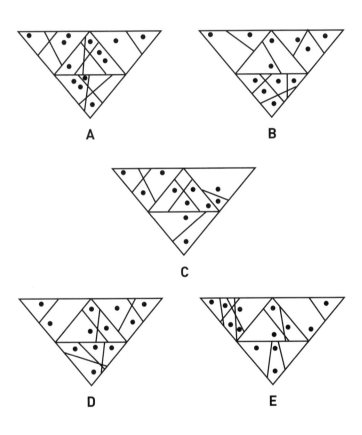

27

다음 그림에서 나머지와 다른 하나는 보기 A~E 중 어떤 것인가?

A

B

C

D

E

다음 그림에서 나머지와 다른 하나는 보기 A~E 중 어떤 것인가?

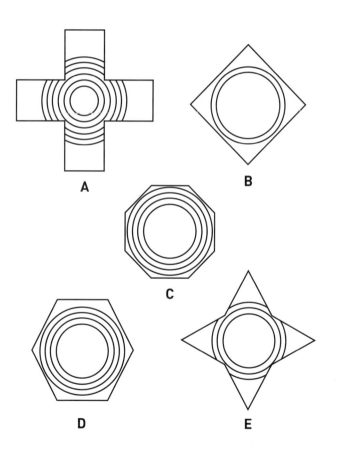

A

B

C

D

E

다음 그림에서 빈칸에 들어갈 모양을 유추하면 보기 A~E 중 어떤 것인가?

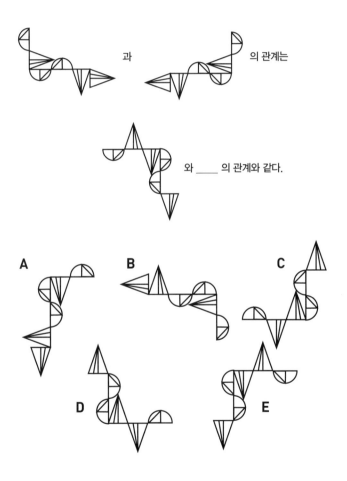

과 〇 의 관계는 〇 와 ____ 의 관계와 같다.

다음 그림에서 나머지와 다른 하나는 보기 A~E 중 어떤 것인가?

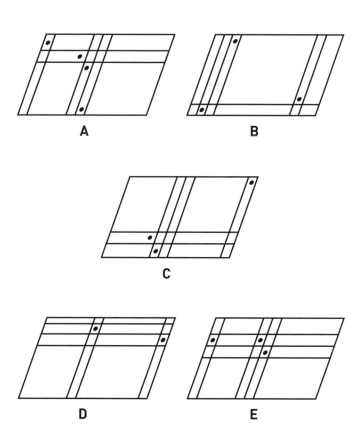

공간 추론 테스트 답 : 282~287쪽

TEST 2
수학 테스트

숫자 계산 능력과 IQ는 서로 깊이 관련되어 있다. 숫자를 효과적으로 다룬다는 것은 지능이 높다는 증거다. 하지만 그 역도 반드시 성립한다는 보장은 없다. 즉 숫자에 취약하다고 해서 무조건 지능이 낮다는 의미는 아니다. 따라서 이 테스트 결과를 해석할 때는 신중을 기해야 한다.

01

다음의 숫자 조합 다음에 연속해서 올 숫자는 어떤 것인가?

a | 2, 5, 14, 41

b | 84, 80, 72, 60

c | 58, 26, 16, 14

d | 39, 50, 63, 78

02

허기진 사람 6명이 각자 초콜릿을 3분에 2개씩 먹는다고 가정할 때, 72개들이 초콜릿 한 상자는 얼마 만에 바닥이 날까?

03

다음 도형에서 물음표에 넣을 숫자는 어떤 것인가?

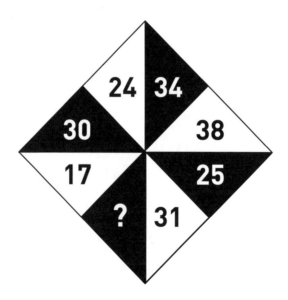

다음 그림에서 물음표에 넣을 모양은 어떤 것인가?

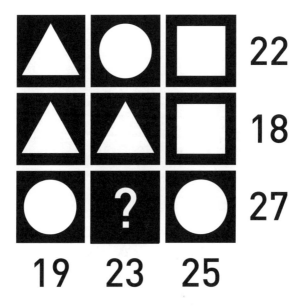

A에서 D까지의 문자에는 각각 일정한 값이 매겨져 있다. A는 B의 절반이고, B는 C의 제곱근과 같고, C는 D의 두 배와 같고, D의 두 자리 수를 합한 값은 5라고 가정할 때 A가 가질 수 있는 값 두 가지는 무엇과 무엇인가?

다음의 표에서 알파벳 A~E에는 각각 일정한 숫자나 연산 기호가 주어져 있다. 막대기에서 출발해 시계 방향으로 움직여 큰 원과 작은 원 모두 49가 나오려면 A, B, C, D, E는 각각 어떤 숫자나 연산 기호여야 할까?

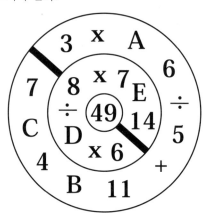

톰의 가족은 한 가족 모임의 주빈이다. 그들은 오후 7시 30분에 모임에 도착하기로 되어 있다. 톰의 가족은 행사장에서 차로 140km 떨어진 곳에 살고 있다. 그들은 40분 동안 시속 90km, 나머지 시간에는 평균 시속 60km로 차를 달려 행사장에 도착할 예정이다. 이동 중에 소요 시간의 20% 정도를 여유 시간으로 갖는다고 가정했을 때, 톰의 가족이 정시에 행사장에 도착하려면 몇 시에 출발해야 할까?

다음과 같은 등식이 성립하려면 R, S, T의 값은 각각 얼마여야 할까?

$$2R + S - 3T = 9, \quad S \times T = 10R, \quad 2R = S$$

09

다음 그림에서 하나의 열에 있는 사각형 4개를 합한 값이 모두 동일하다고 했을 때 물음표에 들어갈 사각형은 무엇인가? 단, 사각형 3개는 각각 다른 값을 지닌다.

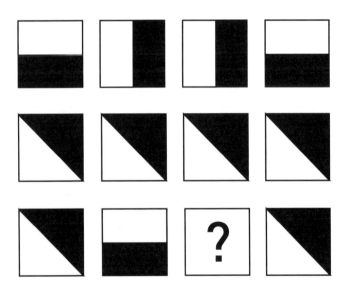

다음에서 등식이 성립하도록 아래의 각 숫자 사이에 들어갈 연산 기호를 넣어라. 단, 등식마다 같은 연산 기호가 한 번 이상 들어 가서는 안 된다.

a | 3 4 5 6 = 13

b | 7 8 9 10 = 125

c | 11 12 13 14 = 140

11

금융 학교에서 150명의 학생이 회계학을 공부하고 있다. 이 가운데 시험 성적이 상위 70%에 해당하는 학생만 2학년에 올라갈 수 있다. 그리고 이 가운데 3분의 2가 3학년에 올라가며, 마지막 시험에서는 14명이 낙제한다. 신입생 150명 가운데 나중에 회계사 자격증을 취득하는 학생은 모두 몇 명인가?

12

▲의 값은 128의 제곱근과 일치하고, ▲ 3개의 값은 ●의 값과 일치한다. 그 상태에서 ■의 값이 ●의 4분의 1에 해당한다면 ■의 값은 얼마인가?

다음의 숫자 피라미드에서 알파벳 A, B, C에 해당하는 값은 각각 어떤 것인가?

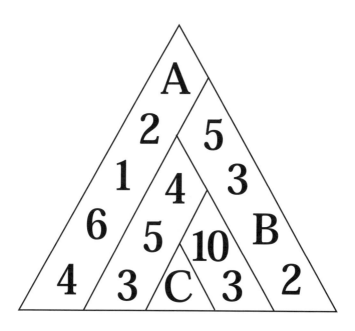

다음 그림에서 세 번째 저울이 균형을 이루려면 어떤 과일이 하나 더 필요할까?

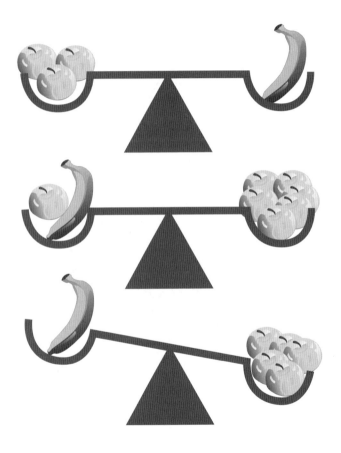

다음의 숫자 조합에서 다음에 올 숫자는 각각 어떤 것인가?

a | 66, 44, 24, 6

b | 144, 12, 120, 10

c | 22, 29, 43, 64

d | 55, 74, 57, 72, 59

루니는 1998년 4월 1일에 1,000달러를 은행에 예치했다. 매년 1월 1일마다 연이율 8%의 이자가 지급된다. 저축 기간이 1년 미만일 경우 돈을 예치한 개월 수에 비례해 이자가 나온다. 2000년 5월 1일에 돈을 찾았다면 세금을 제하기 전에 루니가 받은 이자는 얼마였을까?

다음의 별을 반으로 나누었을 때 숫자들 사이에는 어떤 연관 관계가 있을까?

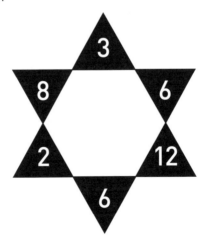

18

샘은 폭 24×18cm, 높이 30cm인 조그만 수조에 전체의 3분의 2만큼 물을 채운다. 그는 호기심이 워낙 강해 방금 전에 구입한 납 재질의 모형 군인이 부피가 얼마나 나가는지 알고 싶었다. 모형 군인을 수조에 집어넣자 수위가 22cm 올라갔다. 모형 군인의 부피는 얼마인가?

19

세 친구가 '여름상품 대 바겐세일' 사냥에 나섰다. 캐리가 쓴 비용은 사만다의 60%, 사만다가 쓴 비용은 샤롯의 120%에 해당한다. 세 친구가 쓴 돈의 총액이 730달러라고 했을 때 셋이 쓴 비용은 각각 얼마인가?

다음 표를 보고 알파벳 A, B, C가 나타내는 숫자나 연산 기호는
각각 어떤 것인가?

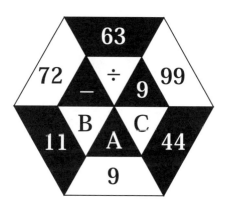

루크는 10개의 핀을 쓰러뜨리는 볼링 기술을 연마하기로 결심했
다. 그의 전적을 살펴보면 첫 번째 시도에서 핀 4개를 쓰러뜨렸
을 때에는 경기 시간의 4분의 1이 걸렸고, 핀 7개를 쓰러뜨렸을
때에는 경기 시간의 3분의 2가 걸렸다. 두 번 시도한 뒤에 그가
쓰러뜨린 핀의 평균 개수는 몇 개일까?

한 자연 보호 구역에 참나무 한 그루가 있었다. 수석 정원사는 이 묘목 주변에 둥그렇게 방호용 울타리를 치고 싶었다. 나무에서 울타리까지 거리는 어느 지점에서나 90cm이다. 원의 면적은 $\pi \times R^2$이고, R은 원의 반지름, π는 약 3.14라고 할 때 울타리가 에워싸는 잔디의 면적은 얼마인가?

다음 사각형에서 알파벳 A, B, C에 해당하는 값은 각각 어떤 것인가? 마방진은 아니지만 이 사각형의 가로줄과 세로줄을 합할 경우 모두 동일한 숫자가 나온다.

12	21	A
B	13	19
20	16	C

24

망고 100g은 2.40달러로, 오렌지보다 가격이 두 배 비싸다. 오렌지 2개의 무게는 망고 5개의 무게와 같으며, 망고 1개의 무게는 10g이다. 오렌지를 총 3.60달러에 구입했다면 오렌지를 몇 개 구입한 것일까?

25

브래드의 나이는 아버지의 절반이며, 아버지의 나이는 조카인 이멜다의 세 배다. 브래드, 아버지, 이멜다 세 명의 나이를 합한 숫자가 할머니의 나이인 88과 같다면 브래드는 몇 살일까?

26

피타고라스의 정리 $X^2+Y^2=Z^2$에서 X와 Y는 직각삼각형의 이웃한 두 변의 길이를, Z는 빗변의 길이를 나타낸다. X의 길이가 Y의 4분의 3, 즉 8cm에 해당할 경우 Z의 길이는 얼마인가?

27

2월 29일은 4년에 한 번씩 돌아오며, 그해의 연도를 4로 나누었을 때 정확하게 떨어진다. 단, 그해가 속한 세기를 400으로 나눌 경우 정확하게 떨어지지 않는다. 윌리엄 셰익스피어 (1564~1616)는 생전에 2월 29일을 모두 몇 번이나 경험했을까? 필요하다면 태어난 연도와 사망한 연도도 포함해서 계산하라.

28

피타고라스의 정리($X^2+Y^2=Z^2$)와 다음 삼각형의 면적을 활용해 원의 면적을 구하라.

$A^2=200\text{cm}^2$

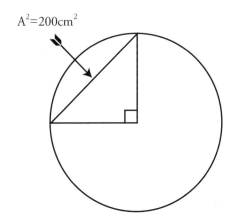

나이키에서는 향후 몇 개월 동안의 작업 일정을 짜고 있다. 공장은 매주 월요일부터 금요일까지 돌아간다. 각 생산 라인에서 170개의 농구공을 만드는 데 A 라인은 6일, B 라인은 5일, C 라인은 9일이 소요된다. 원료가 한정되어 있기 때문에 한 번에 하나의 라인만 가동할 수 있다. 100일 동안 B 라인은 850개의 농구공을 생산하고, A 라인은 6주 동안 가동되었다. 그렇다면 일정표대로 생산이 원활하게 이루어진다고 가정할 때 C 라인은 모두 몇 개의 농구공을 생산할까?

각 문자에 알파벳상의 순서에 해당하는 값을 부여할 경우, 즉 A=1, B=2, C=3……의 순으로 값을 매기면 모음을 합한 값의 제곱에 해당하는 숫자는 얼마인가?

수학 테스트 답 : 288 ~ 291쪽

TEST 3
언어 추리력 테스트

제한시간 **5분**

풍부한 어휘력은 높은 지능뿐만 아니라 지능을 유용하게 쓸 수 있는 능력으로 간주되어왔다. 어휘를 자유자재로 구사할 수 있다면 생각을 효과적으로 다루면서 다른 사람과 쉽게 의사소통할 확률이 높다. 이 테스트는 어휘력을 측정하는 데 목적이 있다.

01 '벽돌'과 '집'의 관계는 '나뭇가지'와 무엇의 관계와 같을까?

    a. 목재   b. 나무   c. 오두막   d. 쥐   e. 꽃

02 '축축하다'와 '건조하다'의 관계는 '아프다'와 무엇의 관계와 같을까?

    a. 건강하다

    b. 올바르다

    c. 고질병을 앓다

    d. 제정신이다

    e. 바싹 마르다

03 '개'와 '고양이'의 관계는 '원숭이'와 무엇의 관계와 같을까?

a. 개   b. 토끼   c. 말   d. 돼지   e. 소

04 '불'과 '소화기'의 관계는 '먼지'와 무엇의 관계와 같을까?

a. 나무   b. 눈   c. 전등   d. 공장   e. 청소기

05 '수증기'와 '응결'의 관계는 '고치'와 무엇의 관계와 같을까?

a. 추위   b. 외부   c. 번네기   d. 분무기   e. 비단

06 '어린애'와 '어른'의 관계는 '묘목'과 무엇의 관계와 같을까?

a. 참나무   b. 나뭇가지   c. 목재   d. 나무   e. 탁자

07 '절정'과 '출발점'의 관계는 '정상'과 무엇의 관계와 같을까?

a. 봉우리   b. 기슭   c. 높이   d. 눈   e. 산

08 '진부하다'와 '독창적이다'의 관계는 '타협하다'와 무엇의 관계와 같을까?

a. 인정하다   b. 거짓말하다   c. 단호하다   d. 동의하다
e. 사과하다

09 '마라톤'과 '정력'의 관계는 '불'과 무엇의 관계와 같을까?

    a. 연기   b. 불꽃   c. 빛   d. 연료   e. 재

10 '종이'와 '책'의 관계는 '노른자위'와 무엇의 관계와 같을까?

    a. 본드   b. 하얗다   c. 달걀   d. 암탉   e. 부화하다

11 '샌님'과 '남자'의 관계는 '말괄량이'와 무엇의 관계와 같을까?

    a. 유아   b. 여자   c. 온유하다   d. 균형 잡히다

    e. 똑바르다

12 '뽑다'와 '털'의 관계는 '깎다'와 무엇의 관계와 같을까?

    a. 자르다   b. 들판   c. 흙   d. 풀   e. 다듬다

13 '온도'와 '도'의 관계는 '거리'와 무엇의 관계와 같을까?

    a. 미터   b. 멀리 떨어져 있다   c. 시간   d. 공간

    e. 분리되어 있다

14 '물질'과 '실체가 있다'와 관계는 '이론'과 무엇의 관계와 같을까?

    a. 규칙   b. 추상적이다   c. 논쟁   d. 설명하다
    e. 생각

15 '도전하다'와 '내뻗다'의 관계는 '포기하다'와 무엇의 관계와 같을까?

    a. 늘이다   b. 묻다   c. 해고하다   d. 움츠러들다
    c. 곱하다

언어 추리력 테스트 답 : 292쪽

Chapter 2

창의력 테스트

창의력은 다양하게 해석될 수 있다. 앞에서도 언급했듯이 천재는 다양한 기술을 자랑한다. 예를 들어 셰익스피어는 문학 재능이, 아인슈타인은 과학 재능이, 모차르트는 음악 재능이 뛰어났다. 다음 문제들은 창의력을 측정하는 데 목적이 있다. 하지만 창의력은 다양한 형태로 나타날 수 있다는 점을 명심해야 한다. 문제를 풀어보고 스스로의 창의력 수준을 판단하되, 어느 한 분야의 사고가 뛰어나다고 반드시 천재라고 할 수는 없다는 점을 기억하기 바란다.

TEST 1
창의력 테스트

이 테스트는 간단한 문제를 통해 여러분 스스로 자신의 창의력 수준을 판단하게 하는 데 목적이 있다.

01 브레인스토밍을 할 경우 어떤가?

   a. 아이디어가 빨리 떠오르지 않아 고통스럽다.

   b. 펜보다 머리가 더 빨리 돌아가면서 흥분이 된다.

   c. 특히 다른 사람들과 경쟁할 경우 아이디어가 마구 쏟아져 나와 많은 도움이 된다.

02 일상생활에서 조리법을 보고 음식을 만들거나 DIY 제품을 조립할 때 필요한 재료나 부품이 빠져 있다면 어떻게 하는가?

   a. 대용품을 찾는 데 애를 먹는다. 대용품을 사용해 이리저리 방법을 달리해보지만 대개 실패한다.

   b. 시작하기 전에 밖에 나가 필요한 재료를 구해 온다.

c. 별 어려움 없이 원하는 대로 만들거나 쉽게 대용품을 구한다. 대개 생각했던 결과를 얻는다.

03 가정에서 간단하게 조립할 수 있는 물건을 구입했다. 하지만 나중에 알고 보니 설명서가 일본어로 되어 있다. 그런데 일본어에 서툴다면 어떻게 하는가?

a. 부품을 모두 펼쳐놓고 무엇이, 어디에, 어떻게 들어가는지 확인한다. 대개 성공하는 편이다.

b. 물건을 구입한 가게에 가서 한글로 써진 설명서를 달라고 한다. 한글 설명서가 없을 경우 환불을 요구한다.

c. 그 방면에 솜씨가 좋은 친구에게 도움을 구한다.

04 미술 작품을 접할 경우 어떤가?

a. 지루하다. 작품의 핵심을 이해하지 못하며, 작품의 수준을 판단하기도 어렵다.

b. 매력을 느낀다. 추상화에도 쉽게 빠져들며, 다양하게 해석해낼 수 있다.

c. 흥미를 느끼지만 집중력 주기가 한정되어 있다. 다양한 작품을 좀 더 손쉽게 감상하기 위해 안내서의 도움을 빌리는 경향이 있다.

05 통념에 따르면 사람은 누구나 자기 안에 소설책을 한 권씩 감추고 있다고 한다. 여러분이 책을 쓴다면 어떨까?

a. 흥분된다. 단어를 사랑하며 다채로운 단어로 자기만의 표현을 하는 것을 즐긴다. 줄거리와 판타지를 쉽게 상상해낸다.

b. 어려워한다. 15분까지는 괜찮지만 그러고 나면 주로 과거의 경험에서 영감을 떠올리는 편이다. 책 한 권을 쓴다는 것은 상당한 시간과 노력이 들어가는 일이라고 생각한다.

c. 전혀 내켜하지 않는다. 독서는 즐기지만 글 쓰는 일은 상상력이 뛰어난 사람에게 맡기는 편이 낫다고 여긴다.

06 다음에 소개하는 여러 가지 유형의 문제 가운데 좋아하는 문제는 어떤 것인가?

a. 사지선다형의 객관식 문제

b. 다양한 해석의 여지를 열어두고 논문 형식으로 답하는 주관식 문제

c. 정보와 사실을 제시하고 서로 관련된 내용을 연결하는 문제

07 다음 중 가장 성취감을 느끼는 활동은 무엇인가?

a. 텔레비전 시청

b. 독서

c. 글쓰기

08 여러분이 악기를 연주한다고 가정하면 어떻게 할 것 같은 가?

　a. 악보를 보면서 그대로 연주한다.

　b. 생각이 비슷한 음악가들과 즉흥 연주를 한다.

　c. 음을 귀로 일일이 확인하면서 가능한 한 아름다운 소리가 나게 연주한다.

09 어째서 전에는 아무도 생각해보지 않았는지 의구심이 드는 아이디어가 떠오를 경우 어떻게 하는가?

　a. 조사도 해보고 생각도 깊이 하면서 확실한 결론이 날 때까지 붙잡고 늘어진다.

　b. 더 이상 생각할 가치가 없다고 판단하고는, 대신 점심 식사 메뉴를 고민한다.

　c. 한동안 그 생각에 몰두하지만 어느 정도 시간이 지나면 대개 잊어버리고 만다.

10 스스로를 어떻게 생각하는가?

　a. 혁신적이라고 생각한다. 규칙과 이미 실효성을 확인받은 방법이나 절차에 따르는 것을 싫어한다.

　b. 선례를 따르는 사람 중 한 명이라고 생각한다. 무슨 일을 할 때 확증된 방법에 따르는 것을 좋아한다. 하지만 다른 사람의 생각이 타

당하다고 여길 경우 지지를 아끼지 않는다.

c. 무관심한 사람이라고 생각한다. 무슨 일이든 좋은 게 좋다고 여기는 느긋한 성격에 속한다.

창의력 테스트 채점표 : 293쪽

TEST 2
창의적인 브레인스토밍

지금부터 소개하는 테스트2와 테스트3에는 정답이 없다. 정말 참신하고 창의적인 아이디어가 떠오를 때까지 계속 생각하는 것이 요령이다. 다른 사람과 비슷한 생각을 내놓는 데 만족해서는 안 된다. 다른 곳에서는 전혀 발견할 수 없는 정말 색다른 생각일 경우에 한해 좋은 점수를 얻게 될 것이다.

01

다음의 물건 목록을 보고 각 항목마다 3분씩 할애해 원래의 용도에서 벗어난 용도를 최대한 많이 생각해내라. 물리적인 한계는 물론이고 상상력에도 한계가 없다는 점을 명심하기 바란다!

1. 나무 수저
2. 야구 모자
3. 공기 팽창식 타이어
4. 철사 옷걸이
5. 밧줄 20m

6. 굴뚝
7. 자유의 여신상
8. 탁구
9. 인양된 타이타닉호
10. 백악관

02

다음의 추상적인 그림들을 보고 떠오르는 생각을 적는다. 정답은 없다. 어떤 대상을 접했을 때 얼마나 수평적이고 창의적인 분석을 할 수 있는지 알아보는 문제다. 생각이 많이 떠오를수록 좋다!

창의력 실전 테스트

창의력을 이용해 다음의 도전 과제를 수행하자. 이번에는 실용적인 영역이 좀더 많다. 창의력이란 사고와 행동의 독창성과 관련되어 있다. 늘 깔끔한 해결책이 나오지는 않는다. 즉 해결책이 하나도 없을 수도, 하나만 있을 수도, 많이 나올 수도 있다. 따라서 얼마나 많은 해결책을 내놓느냐는 순전히 여러분에게 달려 있다. 자신의 성과에 만족하는가? 생각이 잘 떠오르지 않거나 과제를 모두 해결하는 데 시간이 부족할 수도 있을 테니 각오를 단단히 하기 바란다.

01 종이 몇 장과 가위를 준비한다. 접착제를 사용하지 않고 상자를 만들 수 있겠는가?

02 우편엽서나 우편엽서 크기의 종이 한 장과 가위를 준비한다. 몸 전체가 통과할 수 있게 종이를 자를 수 있겠는가? 종이는 한 장으로 남아 있어야 한다.

03 성냥개비 12개를 준비한다. 한 번에 가능한 한 많은 수의 성냥개비를 사용해 물고기처럼 쉽게 알아볼 수 있는 형태를 만든다. 10분 안에 그런 형태를 몇 개나 만들었는가?

04 부엌으로 달려가 '악기'로 사용할 수 있는 가재도구가 모두 몇 개나 되는지 세어보아라. 미니 심포니를 만들 수 있다면 금상첨화다!

05 이번 문제는 문학에 소질이 있는 사람들에게 유리하다. 펜과 종이를 준비한다. 시간은 원하는 만큼 얼마든지 사용할 수 있다. 소설을 쓰는 것이 이번 도전 과제다. 하지만 그 전에 알아두어야 할 점이 있다.

줄거리는 아래에 제시된 15개의 물건이나 사건을 가능한 한 많이 포함하고 있어야 한다. 내용은 가급적 부드럽게 연결되어야 하지만 순서는 상관없다. 단어는 총 500단어가 들어가야 한다. 글이 어느 정도 완성되면 친구나 친척에게 평을 부탁하자. 평가의 주된 기준은 상상력이 얼마나 잘 발휘되었는가이지만 줄거리가 무리 없이 잘 흘러가야 하며 독자의 흥미도 자극해야 한다.

이 문제는 여러분의 창의력 수준과 함께 하나의 생각을 좇아가면서 이를 제대로 표현해내는 능력을 테스트하는 데 목

적이 있다. 사건이 많이 포함될수록 좋지만 서로 겉도는 내
용이 있어서는 곤란하다.

1. 고양이	6. 냄비	11. 오토바이
2. 양초	7. 첼로	12. 태양 전지판
3. 가스 폭발	8. 화요일	13. 전화 요금 청구서
4. 바다	9. 프랑스 프랑	14. 시험
5. 가족 관계	10. 초콜릿 케이크	15. 비

Chapter 3

집중력 테스트

천재가 되려면 집중력이 필요하다. 노력 없이는 천재가 나
올 수 없다. 집중력과 창의력은 서로 밀접하게 연관되어
있는 것 같다. 집중력은 잠재의식의 영역에 속하는 능력으
로, 정체가 확실하게 밝혀지지 않았다. 하지만 종류를 불
문하고 창의적인 일을 하는 사람들은 집중력이 뛰어나다
는 공통점을 가지고 있다.

TEST 1
집중력 테스트

우선 여러분이 얼마나 잘 집중할 수 있는지를 알아보는 테스트부터 시작해보자.

조용한 구석을 찾아 마음속에서 일상의 근심을 몰아내라. 다음에 제시된 상황 중에서 자신에게 가장 많이 해당되는 반응을 솔직하게 선택한다.

01 일상적인 대화를 나눌 때 스스로에게 '가만, 내가 무슨 말을 했지?'라고 묻는 경우가 얼마나 자주 일어나는가?

   a. 없다.

   b. 종종 있다.

   c. 가끔 있다.

02 어려운 과학 논문을 읽을 경우 어떠한가?

   a. 처음부터 신경이 자꾸만 딴 데로 쏠려 시간을 낭비하느니 차라리 포기하고 만다.

b. 온 신경을 집중하며, 읽은 내용을 대부분 이해한다.

c. 방금 읽은 내용 중에 모르는 부분이 있다는 걸 깨닫고 되풀이해서 읽기까지 몇 분밖에 걸리지 않는다.

03 사방이 뻥 뚫린 채 바쁘게 돌아가고 있는 사무실에서 일하고 있다고 가정해보자. 거기서 여러분은 어떻게 할까?

a. 수많은 방해 요인들에 상관없이 전적으로 현재의 일에만 집중할 수 있다.

b. 생산성이 떨어진다. 주변의 소음과 움직임 때문에 급속하게 산만해진다.

c. 간단한 업무는 처리할 수 있지만 집중력이 여기저기로 분산된다.

04 일이 가장 잘되는 환경은 어떤 환경인가?

a. 나지막한 배경 소음이 꾸준히 들려야 한다.

b. 어떤 환경에서든 일단 생각에 몰두하면 주변에서 무슨 일이 일어나고 있는지 알지 못한다.

c. 완전히 조용해야 한다.

05 업무와 관련된 서류를 보고 있는데, 내용이 약간 지루하다. 다 읽고 나서 여러분이 흡수하고 기억하는 정보의 양은 얼마나 될까?

a. 거의 없다. 처음에 읽을 때부터 관심이 딴 데 가 있었다.

b. 대부분 기억한다. 인용하기에 까다로운 사실 서너 개와 함께 전체 그림을 그릴 수 있다.

c. 인상적인 구절 한두 개만 기억하고 대체로 산만한 편이다.

06 스스로의 집중력 수준을 묘사한다면 어떠한가?

a. 집중력이 좋은 편이다. 필요할 경우 집중하는 데 아무 무리가 없다.

b. 흥미로운 주제에는 완전히 몰두할 수 있지만 주제가 지루해질 경우 집중력이 떨어진다.

c. 완전히 집중할 수 있는 시간이 길어야 10분이다.

07 모임에서 새로운 사람을 소개받을 경우 어떠한가?

a. 조금만 지나도 그 사람의 이름이 가물가물하다.

b. 의도하지 않아도 일주일 동안 그 사람의 이름이 기억난다.

c. 시간이 약간 지나면 그 사람의 이름이 반만 떠오른다. 그런 식의 의례적인 만남에는 집중력이 떨어진다.

08 자신이 잘 아는 주제에 대해 장문의 기사를 써달라는 의뢰를 받았다고 가정해보자. 원고 마감 기일이 일주일인 경우 어떻게 할까?

    a. 곧바로 시작한다. 처음부터 일관성을 유지하면서 마감 기일 전에 무리 없이 원고를 완성한다.

    b. 며칠 동안 꾸물대다가 마감 기한이 닥쳐서야 밤을 새며 부랴부랴 원고를 완성한다.

    c. 시간표를 정해놓고 대부분 거기에 따르지만 때로 집중이 잘 안 돼 휴식을 취해야 한다.

09 여러분의 일상은 어떠한가?

    a. 늘 업무의 연장선상에 있으며, 진행 중인 일을 다 끝내지 않은 채 다른 일로 넘어갈 때가 더러 있다.

    b. 진행 중인 일에 완전히 집중하며, 다른 일을 시작하기 전에 가능한 한 완전히 마무리한다.

    c. 한 번에 두 가지 이상의 일에 집중한다. 한 번에 하나씩 처리하는 것보다 시간이 약간 더 걸리긴 하지만 지루해지지는 않는다.

10 공상에 빠지는 빈도는 얼마나 되는가?

    a. 정기적으로 공상을 해서 상당히 곤혹스럽다.

    b. 어쩌다 한다. 대체로 현재 진행 중인 일에 지나치게 집중하는 편이다.

c. 뭔가 특별히 지루한 일을 할 때에 한해 가끔 한다.

11 알아듣지 못했을 때 되물어야 직성이 풀리는 경우는 얼마나 되는가?

　a. 가끔 있다.

　b. 종종 있다.

　c. 있더라도 아주 드물다.

12 회의가 지루하게 이어질 경우 어떠한가?

　a. 다소 성가시지만 집중하는 데 별로 무리가 없다.

　b. 집중하는 데 상당한 노력이 따른다.

　c. 집중이 불가능하다. 아무것에도 집중할 수 없기 때문에 다른 사람에게 그 일을 맡기는 것이 훨씬 유익하다.

13 "왜 이렇게 집중이 안 되는 거지?"라고 중얼거리는 경우는 얼마나 되는가?

　a. 처해 있는 환경과 상관없이 정기적으로 발생한다.

　b. 가끔 있는데, 물리적으로 방해를 받을 때가 대부분이다.

　c. 거의 드물다. 필요하다고 판단되면 어떤 상황에서도 집중할 수 있다.

14 힘들고 다소 복잡한 프로젝트를 추진하는 팀에 속해 있다고 가정해보자. 여러분은 어떻게 행동할까?

 a. 옆길로 빗나가는 게 싫어 동료들이 업무에 집중하도록 독려하지만 헛수고만 할 뿐이다.

 b. 재미있는 가십거리를 던지거나 커피를 한잔하자는 제안으로 분위기를 끌어 올리려고 애쓴다.

 c. 가끔 토론에 참여하긴 하지만 그때마다 정신이 산만해져 집중에 집중을 거듭해야 한다.

15 집중력이 저하된 상태에서 운전하는데 누군가가 끼어들어 자동차 브레이크를 세게 밟거나 교통의 흐름을 놓치는 상황은 얼마나 자주 발생하는가?

 a. 늘 있는 일이다.

 b. 가끔 있는 일이다.

 c. 드물게 일어나는 일이다.

16 개인의 신상과 관련해 놀라운 소식을 들었다. 다음 날 출근해서 여러분은 어떻게 할까?

 a. 퇴근 시간이 될 때까지 아무 표시도 내지 않으면서 평소처럼 일을 할 수 있다.

 b. 그 소식 때문에 마음이 온통 산란해서 집중하려고 노력하지만 아

무 소용이 없다.

c. 평소보다 능률이 약간 떨어진다. 다소 산만하긴 하지만 그 점에 주목하고 다시 업무에 집중한다.

17 마감 기한이 다가오면 어떠한가?

a. 무척 고통스럽다. 업무에 집중하려고 아무리 노력해도 남아 있는 시간을 저울질하느라 계속 산만하기만 하다.

b. 별로 영향을 받지 않는다. 관심의 정도가 달라지긴 하지만 업무가 끝날 때까지 치분히 있어 일하는 편이다.

c. 오히려 자극을 받는다. 마감 시한이 가까워질수록 집중력이 높아진다.

18 언쟁에 휘말렸다고 가정해보자. 여러분의 동료는 여러분이 기억에도 없는 말을 들이대면서 자기는 그런 말을 한 적이 없다고 주장한다. 그때 여러분의 반응은 어떠한가?

a. 듣긴 한 것 같지만 잘 생각이 나지 않는다.

b. 동료가 착각하는 것이 분명하고 다른 사람에게 그런 말을 한 게 확실하다고 생각한다. 여러분은 늘 주의 깊게 듣는다.

c. 듣긴 한 것 같지만 중요하지 않다고 생각하고 곧 잊어버렸다.

19 계산기의 도움을 받아 한참을 씨름해야 하는 어려운 계산을 하고 있다고 가정해보자. 그때 여러분의 반응은 어떠한가?

a. 약간 심란하다. 어디까지 계산했는지 놓치는 바람에 처음부터 다시 시작해야 한다.

b. 악몽이 따로 없다. 무려 여섯 번을 계산했는데도 총계가 다르게 나온다.

c. 아무 문제가 없다. 틀릴 이유가 없기 때문에 처음 나온 결과가 맞다고 자신한다.

20 느긋한 저녁 시간에 사건 전개가 거미줄처럼 복잡하게 얽힌 스릴러물을 읽는다고 가정해보자. 그때 여러분의 반응은 어떠한가?

a. 줄거리는 대충 이해가 가지만 완전한 그림을 그리기에는 약간 부족하다.

b. 필요할 때마다 질문을 던져 나가면서 줄거리를 파악한다.

c. 뭐가 어떻게 돌아가는지 종잡을 수가 없다.

집중력 테스트 채점표 : 294쪽

TEST 2
집중력 향상 훈련

불교 수도승들이 가르치고 있는 집중력 향상 방법을 소개할까 한다. 수백 년 아니, 어쩌면 수천 년 동안 사용되어온 방법으로 집중력을 높이는 데 여전히 효과가 있다.

우선 촛불을 켜놓고 책상 앞에 앉는다. 편안한 마음으로 촛불을 바라보면서 가능한 한 마음을 느긋하게 먹는다. 색깔, 모양, 크기, 불꽃이 움직이는 방향 등 세세한 모습에 주목하면서 촛불의 일거수일투족을 관찰한다.

이제 눈을 감고 촛불의 모습을 상상한다. 그러면 촛불의 모습이 아주 짧은 시간 동안만 뇌리에 남아 있게 될 것이다. 몇 초가 지나면 촛불이 어떤 식으로 빛을 발하는지는 생각나겠지만 촛불의 구체적인 이미지는 사라질 것이다. 그러고 나면 눈을 뜨고 똑같은 과정을 다시 반복하라. 훈련을 하면 할수록 촛불의 이미지가 점점 오래 기억에 남을 것이다. 결과적으로 집중력이 점차 향상된다. 훈련이 성공한다면 목표한 일에만 집중하면서 방해 요소에 완전히 신경을 끄게 된다.

숫자 조합이 무의미해 보일지도 모르겠지만 각 줄을 재빨리 훑어
나가면서 연속된 두 숫자의 합이 10이 되는 경우가 총 몇 쌍인지
찾아보자.

```
5136987645454646454664578373728391956 76851
5565454558282839564795762474852154973626
5789143696735797946676438798231681873697
8135797973838282394949298238425697567675
5545454664458592475969214878469579 2174391
1578989825346582373878978928795691985842
8495672385859217893165655586987589818585
4849464689539432579895929134649585849237
1579829198595894365919535469892855454698
1918281981289198582497828394598125429859
1958592934987345465454982954985324985972
5545858592919526479345892549537956 48295914
6589495293649585989454649989535 64982165
8495869436549858923131321252524268295895
8497585854985929645498292316585829649828
5498795828259492985915191958649487272984
5161849249587641959346498285954265 7275991
3419755495984646659482982919595955859949
1315194875767982986461315164919587346195
8249486573191984373759482864591919591958
3161982495467587329584973588494849158739
2131854976759828495762829493546491919737
2465987375797848595546454645649829829498
1984372758854629873759846852956919849739
5554948464981825464981843739465931615194
1654972858495673285949865789591919598794
6465879195828346591849785849591326494656
3264982727359591956469696939646594876 1465
3646597582856494953649876591958649594649
1616594948285864959732959594449889795 8585
5545545566564465828589591646597659495 9119
3262698383659298597858582828585649597388
3262659879858686896989234665655665659 8895
1316588258949566477373561511656165611356
6564983798959598649582919195659498676592
3132587373696595919582636466598383695 9431
1353536469858959594929586763693434834843
3137375828295919465585855855523464987376
3131218164949828282256498567959816465462
```

집중력 향상 훈련 답 : 294쪽

Chapter 4

지식 테스트

천재라 불리는 많은 사람들을 배출한 분야를 살펴보면 미술, 음악, 문학, 과학, 철학 분야에 집중되어 있다. 이 분야들은 인간의 노력이 고스란히 집약된 분야로 시대와 국경을 초월해 사람들의 가슴을 뛰게 만드는 힘이 있다. 이제부터 천재가 활발히 활동한 분야에 대한 여러분의 지식을 알아볼 것이다. 테스트 결과가 나쁘다고 해서 좌절하지는 말자. 지식은 여러분의 노력으로 얼마든지 향상할 수 있다.

미술 지식 테스트

천재들이 만든 미술 작품은 지금 이 순간에도 우리의 삶에 영향을 미치며 다양한 형태로 고무한다. 여러분의 높은 지능을 쏟아낼 분야가 미술인지 한번 확인해보자.

01 1919년 건축가 발터 그로피우스가 바이마르에 설립한 유명한 미술·공예학교 이름은 무엇인가?

02 기하학적 원리와 수학적 개념을 토대로 공간착시를 불러일으키는 판화를 제작한 사람은 누구인가?

03 샤를 에두아르 잔네(Charles-Edouard Jeanneret)라는 본명을 가진 건축가는 누구일까?

04 낭만주의 화풍의 걸작뿐만 아니라 광범위한 여행으로 널리 존경받았던 유명한 프랑스 화가는 누구인가?

05 20세기 초에 피카소와 브라크가 주도했던 예술 운동은 무엇인가?

06 본격적인 조각 작업에 들어가기에 앞서 점토나 밀랍을 이용해 표현하는 3차원 스케치의 명칭은 무엇인가?

07 클림트에게 영향을 받아 초상화가로 명성을 쌓았지만, 1918년 독감으로 젊은 나이에 세상을 떠난 오스트리아 출신의 표현주의 화가는 누구인가?

08 환상을 창조하고 탐구했던 것으로 알려진 1960년대의 추상 예술 운동은 무엇인가?

09 발레와 말에 대한 연구로 유명한 인상주의 화가는 누구인가?

10 16세기 이탈리아 건축가의 이름을 따온 명칭으로 18세기에 영국에서 유행했던 건축 사조는 무엇인가?

11 유화로 바꾸기 전 수채화로 명성을 떨쳤고, 추상적이면서 활력이 넘치는 작품 소재를 찾기 위해 먼 길을 마다않고 여행했던 19세기 영국의 풍경화가는 누구인가?

12 36×28이라는 화폭 기준을 마련했으며, 머리와 손 하나를 묘사한 초상화로 유명한 화가는 누구인가?

13 파리에서 미술을 공부한 후 극장, 음악당, 카페의 정경을 묘사한 석판화로 널리 알려진 불행한 화가는 누구인가?

14 밀랍을 방염제로 사용해 천을 염색하는 기법은 무엇인가?

15 대담하고도 생생한 작품으로 1905년 첫 공동 전시회를 연 파리의 젊은 화가들을 일컬었던 용어는 무엇인가?

16 일찍부터 남다른 재능과 기교를 발휘하면서 전쟁에 대한 혐오감을 표현한 대표작 〈게르니카〉(1937)로 널리 알려진 20세기 스페인의 다작 화가는 누구인가?

17 그 지역에서 나는 재료를 사용하고, 그 지역의 요구에 맞추면서, 건축가의 개성보다 전통 방식을 따르는 건축 양식을 일컫는 말은 무엇인가?

18 시드니 오페라 하우스를 설계해 세계적으로 명성을 얻은 덴마크 출신의 건축가는 누구인가?

19 기괴하고 비이성적인 잠재의식의 세계를 표현한다는 기치 아래 1924년 앙드레 브르통이 창시한 예술 운동은 무엇인가?

20 붓질이 만들어내는 작은 색면(色面)을 중시한 데서 비롯된 이름으로 19세기의 반항적인 이탈리아 화가들을 일컫는 용어는 무엇인가?

21 AD 5세기부터 콘스탄티노플이 몰락한 1453년까지의 동로마 제국 예술을 일컫는 말은 무엇인가?

22 아르누보풍의 디자인, 그중에서도 특히 여배우 사라 베른하르트의 포스터로 명성을 얻은 체코 출신의 화가이자 디자이너는 누구인가?

23 피사로 밑에서 수학하며 풍경화에 전념해 만년에 명성과 존경을 얻은 프랑스 화가는 누구인가?

24 형태와 형식을 만들기 위해 빛과 그림자를 점진적으로 사용하는 기법을 일컫는 말은 무엇인가?

25 베로치오에게 사사받았으며 과학, 해부학, 공학, 건축학에도 조예가 깊었던 것으로 알려진 이탈리아 화가는 누구인가?

26 소, 닭, 어린이, 가족을 주제로 담배갑 은박지에 못이나 송곳으로 긁어 유채 물감으로 메우는 독특한 화법의 그림을 그린

한국의 화가는 누구인가?

27 바르셀로나의 성가정 예배당과 같은 색다르고 환상적인 작품을 통해 독창성을 자랑했던 스페인 건축가이자 디자이너는 누구인가?

28 19세기 유럽의 화가와 작가들을 고무해 일상을 있는 그대로 탐구하게 했던 예술 사조는 무엇인가?

29 마릴린 먼로와 캠벨 수프 깡통으로 유명한 미국 팝 아트의 창시자는 누구인가?

30 지금은 매너리즘과 로코코 사이의 주도적인 양식으로 통하지만 당시만 해도 17세기와 18세기의 예술과 건축을 비난조로 싸잡아 일컬었던 용어는 무엇인가?

미술 지식 테스트 답 : 295～296쪽

문학 지식 테스트

문학 지식은 천재의 증거가 아닐 수도 있다. 하지만 천재라면 자신의 경쟁자들에 대한 정보를 훤히 꿰뚫고 있을 게 분명하다. 이 테스트는 난이도가 높지만 평소 문학에 관심이 많다면 알아두어야 할 상식이다. 관심 분야가 아니라면 건너뛰어도 상관없다.

01 19세에 절필하고 37세에 세상을 떠났으며 '바람구두를 신은 사나이'라 불린 프랑스 시인은 누구인가?

02 다음과 같은 내용의 소설을 쓴 작가는 누구인가? "그래, 난 네 말대로 아마도 조물주의 오발탄인지도 모른다. 정말 갈 곳을 알 수가 없다. 그런데 지금 나는 어디건 가긴 가야 한다."

03 "나는 아무것도 두려워하지 않는다. 나는 아무것도 바라지 않는다. 나는 자유인이니까!"라고 쓴 묘비문을 가진 작가는

누구인가?

04 셰익스피어의 작품 주인공 가운데 "내가 시간을 낭비했더니 이제 시간이 나를 낭비하누나!"라고 말한 왕은 누구인가?

05 《잃어버린 시간을 찾아서 In Search of Lost Time》이라는 제목의 연작 소설을 쓴 작가는 누구인가?

06 '만주라는 넓은 벌판에 가 시 백 편을 가지고 오리라'는 다짐을 하고 만주로 떠난 시인은 누구인가?

07 1931년 발표된 작품으로 앙드레 지드가 서문을 썼으며, 프랑스 페미나상을 수상한 작품의 제목은 무엇인가?

08 인간 내면에 숨어 있는 사악함을 무인도에 불시착한 소년들의 행동양식을 통해 상징적으로 표현한 소설의 제목은 무엇인가?

09 처음 '첫인상'이라는 제목으로 출판을 의뢰했다가 거절당했으나,《센스 앤 센서빌리티 Sense and Sensibility》의 성공 이후 다시 제목을 고쳐 1813년 출판된 소설의 제목은 무엇인가?

10 도스토예프스키의 소설에서 불사의 생명을 얻은 형제는 누구인가?

11 다음과 같은 내용이 들어 있는 수필의 제목은 무엇인가? "그리워하는데도 한 번 만나고는 못 만나게 되기도 하고, 일생을 못 잊으면서도 아니 만나고 살기도 한다."

12 최초의 영어 사전을 편집한 사람은 누구인가?

13 《뫼비우스의 띠》라는 제목의 소설로 시작되는 연작 소설집의 제목은 무엇인가?

14 해학적이고 응축된 언어로 세계에서 가장 짧은 형태의 시로 불리는 일본의 시 형식은 무엇인가?

15 "신부는 초록 저고리 다홍치마로 겨우 귀밑머리만 풀린 채 신랑하고 첫날밤을 아직 앉아 있었는데……"로 시작하는 '신부(新婦)'가 실려 있는 서정주의 시집 제목은 무엇인가?

16 다음과 같은 문장이 나오는 책과 이를 쓴 작가 이름은 무엇인가? "지옥의 악마가 맞구나. 질투와 복수심으로 간계를 부려 인류의 어머니를 속인 바로 그 지옥의 악마."

17 오스카 와일드가 남긴 유일한 장편소설의 제목은 무엇인가?

18 1955년 사상계사(思想界社)가 제정한 문학상으로, 2001년 김훈이 《칼의 노래》로 수상한 문학상은 무엇인가?

19 고양이의 눈을 빌려 인간 내면을 풍자한 나쓰메 소세키의 소설 제목은 무엇인가?

20 흰 토끼, 도도새, 애벌레, 공작부인, 체셔 고양이, 여왕, 모자 장수, 그리핀, 가짜 거북이가 등장하는 소설의 제목은 무엇인가?

21 미국에서만 해마다 30만 권 이상 팔리며, 뉴욕 랜덤하우스 출판사가 선정한 '20세기 영어로 쓰인 위대한 소설 100권' 중 2위로 뽑힌 작품은 무엇인가?

22 셰익스피어와 동시대의 인물로 '우유부단한 햄릿'과 반대되는 인물상을 만든 작가와 그 소설의 제목은 무엇인가?

23 1774년에 집필을 시작해서 1831년 7월 괴테가 죽기 1년 전에 완성된 작품의 제목은 무엇인가?

24 '미시시피강을 재는 단위'를 뜻하는 필명을 썼으며, "우리들의 죽음 앞에서는 장의사마저도 우리의 죽음을 슬퍼해줄 만큼 훌륭한 삶이 되도록 힘써야 한다."라는 명언을 남긴 미국의 작가는 누구인가?

25 "모든 동물은 평등하지만 어떤 동물은 다른 동물들보다 더 평등하다"라는 말이 나오는 책과 이를 쓴 작가 이름은 무엇 인가?

26 버나드 막스와 아메리카 인디언이 등장하는 미래 소설의 제 목은 무엇인가?

27 "소설의 종말에 대하여 말하는 것은 서구 작가들, 특히 프랑 스인들의 기우에 지나지 않을 따름이다. 동유럽이나 라틴 아 메리카 작가들에게 이런 말을 한다는 것은 어불성설이나 다 름없다. 책꽂이에 이 책을 꽂아 놓고 어떻게 소설의 죽음을 말할 수 있단 말인가?" 소설의 죽음과 관련하여 밀란 쿤데라 가 한 말이다. 이 이야기에서 밀란 쿤데라가 극찬한 소설의 제목은 무엇인가?

28 "불행에 처했을 때 행복했던 시절을 떠올리는 것만큼 큰 고 통은 없다." 라고 쓴 사람은 누구인가?

29 다음과 같은 문장이 나오는 책과 이를 쓴 작가 이름은 무엇

인가? "모든 것이 완성되게 하기 위해서, 내가 덜 외롭기 위해서, 나에게 남은 소원은 다만, 내가 사형집행을 당하는 날 많은 구경꾼들이 와서 증오의 함성으로써 나를 맞아주었으면 하는 것뿐이다."

30 알프레드 히치콕 감독에 의해 영화화 되었으며, "어젯밤 나는 다시 맨덜리에 가는 꿈을 꾸었다."로 시작하는 소설의 제목은 무엇인가?

음악 지식 테스트

음악에 대해선 잘 모를 수도 있지만 다재다능한 사람이 되려면 인간의 정신이 만들어낸 최고의 걸작 가운데 일부를 간단하게라도 알고 있어야 한다. 문제를 풀면서 자신이 발전해나가는 모습을 지켜보기 바란다.

01 피아니스트가 무대 위에 올라가 4분 33초 동안 아무 음악도 연주하지 않고 끝나는 존 케이지의 작품 제목은 무엇인가?

02 브루크너의 4번 교향곡으로 알려진 곡의 제목은 무엇인가?

03 대위법으로 유명한 바흐의 곡은 무엇인가?

04 프랑크의 심포니 가운데 안식일에 사냥했다는 이유 때문에

영원히 악마에게 쫓기는 백작을 소재로 한 곡은 무엇인가?

05 〈글라골리트 미사곡 Glagolitic Mass〉을 쓴 사람은 누구인가?

06 말러의 5번 교향곡을 주제곡으로 사용한 영화는 무엇인가?

07 '공주는 잠 못 이루고'라고 알려진 〈아무도 잠들지 마라!〉라는 곡이 수록된 푸치니의 오페라는 무엇인가?

08 차이콥스키의 7번 교향곡의 다른 이름은 무엇인가?

09 〈마술 피리〉에서 새처럼 노래하는 남자 등장인물은 누구인가?

10 하이든의 교향곡 가운데 '안녕 교향곡' 또는 '고별'로 알려진 곡은 무엇인가?

11 〈어느 귀인을 위한 환상곡 Fantasia papa un gentilhombre〉을 쓴 사람은 누구인가?

12 수에즈운하 개통을 기념하여 이집트왕이 카이로에 건립한 오페라극장 개장식을 위하여 작곡한 베르디의 오페라는 무엇인가?

13 〈돈 조반니 Don Giovanni〉의 대본을 쓴 사람은 누구인가?

14 차이콥스키의 〈유진 오네진 Eugene Onegin〉에 나오는 여주인공의 이름은 무엇인가?

15 메트로놈을 작곡의 속도 지시에 처음으로 사용한 사람은 누구와 누구인가?

16 모차르트의 교향곡 〈K385〉로 알려진 곡의 다른 이름은 무엇인가?

17 시벨리우스는 교향곡을 몇 곡이나 썼을까?

18 스메타나의 〈나의 조국 Ma Vlast〉 중에서 프라하를 흐르는 강을 묘사하는 대목은 어느 파트인가?

19 오스카 와일드의 희곡 〈살로메 Salome〉로 오페라를 만든 사람은 누구인가?

20 에티오피아의 노예 소녀에게 초점을 맞춘 베르디의 오페라는 무엇인가?

21 베토벤의 〈피델리오 Fidelio〉에 등장하는 형무소 소장의 이름은 무엇인가?

22 신고전주의 양식으로 시작하는 스트라빈스키의 발레는 무엇인가?

23 슈만의 〈제1 교향곡〉의 다른 이름은 무엇인가?

24 가곡 〈아름다운 물레방앗간의 아가씨〉를 쓴 사람은 누구인가?

25 한스 작스라는 인물이 등장하는 바그너의 오페라는 무엇인가?

26 에릭 사티가 만든 '나체의 젊은이들이 합창과 군무로 신을 찬양하는 고대 스파르타의 제전'을 뜻하는 곡은 무엇인가?

27 교향시 〈한낮의 마녀 The Noonday Witch〉를 쓴 사람은 누구인가?

28 무소르그스키의 〈전람회의 그림 Pictures at an Exhibition〉을 오케스트라로 편곡해 가장 큰 성공을 거둔 작곡가는 누구인가?

29 〈여자의 마음 La doona e mobile〉이 나오는 베르디의 오페라
는 무엇인가?

30 푸치니의 오페라 〈라 보엠 La Boheme〉에서 〈그대의 찬 손
Che gelida manina〉이라는 아리아를 부르는 등장인물은 누
구인가?

음악 지식 테스트 답 : 299～300쪽

철학 지식 테스트

철학은 천재성과 늘 밀접한 관련을 맺어왔다. 철학은 존재의 비밀과 삶의 이유를 다루는 학문이다. 천재를 자처한다면 철학가들의 저작을 편안하게 대할 수 있어야 한다.

01 나중에 알렉산드로스 대왕이 된 마케도니아의 알렉산드로스의 교육을 책임졌던 그리스 철학자는 누구인가?

02 《너 자신을 알라 Know Thyself》의 저자로 비극적인 연애와 그 뒤에 이어진 거세로 더 유명한 브르타뉴의 철학자는 누구인가?

03 '지식의 이론'이라는 뜻의 철학 용어는 무엇인가?

04 존재의 본질을 연구하는 철학의 분파는 무엇인가?

05 "생각한다, 고로 나는 존재한다"라고 말한 사람은 누구인가?

06 도덕의 본질을 다루는 철학의 분파는 무엇인가?

07 《순수이성비판 The Critique of Pure Reason》을 쓴 사람은 누구인가?

08 《공화국 The Republic》을 쓴 소크라테스의 제자는 누구인가?

09 유일한 미덕은 쾌락밖에 없다고 보는 시각은 무엇인가?

10 키르케고르, 사르트르, 하이데거 하면 연상되는 철학은 무엇인가?

11 원래 '대화나 논쟁, 토론 기술'을 뜻하는 철학 용어는 무엇인가?

12 1968년《언어와 정신 Language and Mind》을 쓴 미국의 언어학자는 누구인가?

13 디오게네스와 관련이 깊은 철학 유파는 무엇인가?

14 이론 체계보다 실제 경험을 바탕으로 한 방법을 중시하는 철학 유파는 무엇인가?

15 1737년《인성론 A Treatise of Human Nature》을 쓴 스코틀랜드 철학자는 누구인가?

16 고대 중국에서 철학과 종교의 거두로 가장 명성을 떨쳤던 인물은 누구인가?

17 17세기 후반과 18세기 후반에 살면서 계산기를 발명해 영국 왕립학회 회원 자격을 얻은 독일 철학자는 누구인가?

18 《인간오성론 Essay Concerning Human Understanding》으로 유명한 영국 서머싯 출신의 철학자는 누구인가?

19 암스테르담에서 유대인 부모 밑에 태어나 스페인어, 포르투갈어, 히브리어를 배웠지만, 정작 네덜란드어에는 서툴렀던 철학자는 누구인가?

20 키티온의 제논이 창시한 철학 유파는 무엇인가?

21 후설이 주도한 철학 운동은 무엇인가?

22 영화 〈매트릭스〉 3부작에 영감을 주고, 《시뮬라크르와 시뮬라시옹 Simulacra and Simulation》을 쓴 포스트모던 문화 이론가는 누구인가?

23 존 스튜어트 밀의 대자(代子)로 핵 확산 금지 운동에도 참여했던 영국의 철학자는 누구인가?

24 비엔나 서클에서 비롯된 운동은 무엇인가?

25 '인간이 만물의 척도'라고 보는 철학 유파는 무엇인가?

26 《혼란에 빠진 자들을 위한 길잡이 The Guide of the Perplexed》를 저술한 스페인계 유대인 철학자는 누구인가?

27 자신의 이름을 딴 대수학 이론을 확립한 영국 수학자는 누구인가?

28 《공산당 선언 Communist Manifesto》을 쓴 사람은 누구인가?

29 '해체' 하면 가장 먼저 떠오르는 프랑스인은 누구인가?

30 사물은 사물을 인식하는 정신과 따로 떨어져 존재할 수 없다고 보는 철학 유파는 무엇인가?

철학 지식 테스트 답 : 301~302쪽

TEST 5
과학 지식 테스트

오늘날 천재의 지위에 도달하려는 희망을 가진 사람이라면 누구든 과학에 대해 어느 정도 알고 있어야 한다. 이는 선택의 문제가 아니다. 이번 테스트로 과학 지식에 도전해보기 바란다.

01 DNA는 무엇의 약자인가?

02 인간의 몸에서 핵이 없는 유일한 세포는 무엇인가?

03 LASER는 무엇의 약자인가?

04 핵분열이란 무엇인가?

05 상대성 이론에 따르면 움직이는 시계는 어떻게 될까?

06 카오스 체계란 무엇인가?

07 작고 멀리 떨어져 있는데다가 직접 빛을 내지도 않는 행성을 간접적으로 관측하기 위해 천문학자들이 주로 사용하는 방법은 무엇인가?

08 GUT와 TOE는 각각 무엇의 약자인가?

09 운동을 심하게 하고 난 뒤 근육이 욱신거리게 만드는 물질은 무엇인가?

10 광합성의 반대는 무엇인가?

11 미국의 발전소에 있는 발전기는 얼마나 빨리 돌아갈까?

12 철을 원료로 하는 천연 자석의 또 다른 이름은 무엇인가?

13 상대성 이론에 따르면 태양 근처를 지나는 빛은 어떻게 될까?

14 인체에 흡수된 방사선 양을 측정하는 단위는 무엇인가?

15 '인류의 가장 오래된 조상'으로 알려진 오스트랄로피테쿠스의 이름은 무엇인가?

16 폴란드 출신으로 핵과학의 창시자 가운데 한 명인 여성은 누구인가?

17 탄수화물을 이루는 기본 단위는 무엇인가?

18 'cell'이라는 단어를 '세포'라는 의미로 처음 사용한 영국의 물리학자는 누구인가?

19 인간은 다른 사람과 DNA를 얼마나 공유할 수 있나?

20 안톤 판 레이우엔훅이 처음으로 발견한 생체 물질은 무엇인가?

21 흔히 절대 0도로 간주되는 온도는 몇 도인가?

22 실험실에서 만들어온 온도 가운데 절대 0도에 가장 근접한 온도는 몇 도인가?

23 공룡이 사라진 시기는 언제인가?

24 '손가락이 여섯 개인 사람의 유전자가 정상인의 유전자보다 우세하다.'는 명제는 참인가 거짓인가?

25 자극을 받았을 경우 전기를 발생시켜 다른 세포에 정보를 전달하는 신경계 단위는 무엇인가?

26 리케차로 알려진 세균의 특이한 점은 무엇인가?

27 '싸우고 난 직후나 극심한 공포로 사망할 경우 사후 경직이 빨리 진행된다.'는 명제는 참인가 거짓인가?

28 헬륨은 지구의 대기층에서 나오는가?

29 전하가 가속화되면 어떻게 될까?

30 인간의 눈으로는 볼 수 없는 인간의 몸을 탐지할 수 있는 것은 무엇인가?

과학 지식 테스트 답 : 303~305쪽

Chapter 5

인성 테스트

앞서 천재의 성격을 구성하는 여러 가지 요소를 살펴보았다. 몇 가지 테스트를 통해 여러분이 가진 천재적 성격을 알아보자. 모든 테스트에 솔직하게 답변하기 바란다.

TEST 1

과단성 테스트

천재 가운데 성격이 지나치게 내성적인 사람은 아마 없지 싶다. 대부분의 천재들은 중요한 순간이 닥치면 거침없이 생각을 실행으로 옮긴다. 따라서 이번 테스트를 통해 자신이 얼마나 단호한지 확인해보기 바란다.

01 누군가가 여러분 코앞에서 새치기를 할 경우 어떻게 하는가?

　a. 그 사람이 무안한 나머지 포기할 때까지 큰 소리로 떠들어대며 장황하게 훈계를 늘어놓는다.

　b. "저기요, 미안하지만 제가 먼저 왔거든요."라고 말한다.

　c. 아무 말도 못한 채 속만 끓인다.

02 식당에 갔는데 서비스가 나쁠 경우 어떻게 하는가?

　a. 집으로 돌아와 그 식당 주인에게 불만 섞인 내용의 편지를 쓴다.

　b. 식당 직원에게 고함을 지른다.

c. 옆에 있는 손님에게는 불평을 하지만 직원에게는 쓴소리 한 번 하지 못한다.

03 물건이 고장 나서 수리점에 맡겼다 찾아왔는데, 결함이 고쳐지지 않았다. 그럴 경우 어떻게 하는가?

a. 수리점에 전화를 걸어 문제를 설명한다.

b. 직접 고치려고 시도해본다.

c. 수리점으로 달려가 지배인을 보자고 한다.

04 서점에서 책을 구경하고 있는데 여러분의 생각을 통째로 도용한 책을 발견한다. 그럴 경우 어떻게 하는가?

a. 우연의 일치일 뿐이라고 생각한다.

b. 변호사와 상의한다.

c. 작가에게 연락해 설명을 들어본다.

05 사람들로 북적이는 가게에서 점원의 시선을 끌려고 애쓰지만 아무도 쳐다보지 않는다. 그럴 경우 어떻게 하는가?

a. 화를 내며 나가버린다.

b. 서비스를 받을 때까지 참을성 있게 기다린다.

c. 누군가가 신경을 써줄 때까지 조바심을 낸다.

06 면접을 볼 경우 어떤가?

    a. 왜 그 일에 자신이 가장 적합한지를 아주 자신 있게 설명한다.

    b. 자신의 장점과 포부를 최선을 다해 설명한다.

    c. 대기실에 있는 다른 후보들을 쳐다보면서 괜히 왔다고 생각한다.

07 자녀가 학교에서 돌아와 선생님에게 지적을 당했다고 불평한다. 그럴 경우 어떻게 하는가?

    a. 자녀에게 대수롭지 않은 일이니 신경 쓰지 말라고 말한다.

    b. 그 문제를 상의하기 위해 선생님과 약속을 잡는다.

    c. 자녀에게 그럴 때는 가만히 있지 말고 변호를 해야 한다고 알려준다.

08 이웃이 정기적으로 한밤중에 음악을 크게 틀어놓는다. 그럴 경우 어떻게 하는가?

    a. 경찰에 연락한다.

    b. 가서 따진다.

    c. 방음 시설을 보강한다.

09 승진에서 누락되었다. 그럴 경우 어떻게 하는가?

    a. 사표를 낸다.

b. 상사에게 자신이 더 자격이 있다며 불평한다.

c. 승진 기회를 다음으로 미루고 더 열심히 일한다.

10 봉급 인상이 필요하다. 그럴 경우 어떻게 하는가?

a. 상사를 찾아가 자신의 처지를 설명한다.

b. 부업을 하면서 위에서 알아주기를 바란다.

c. 생활비를 줄인다.

11 상사가 회사에 대한 자신의 기여도를 제대로 평가하지 않는
것 같다. 그럴 경우 어떻게 하는가?

a. 동료들에게 불평하면서 그런 얘기가 상사에게 들어가기를 바란다.

b. 인사고과 재평가를 요청한다.

c. 다른 직장을 알아본다.

12 행사에 참석했는데 어떤 사안에 대해 연사와 180도 의견 차
이를 보인다. 그럴 경우 어떻게 하는가?

a. 자리를 뜬다.

b. 옆자리에 앉아 있는 친구에게 반대 의견을 소곤거린다.

c. 자리에서 일어나 뼈 있는 질문을 던진다.

13 평소 마음에 들지 않는 종교 단체 회원들이 집에 찾아온다. 그럴 경우 어떻게 하는가?

    a. 대놓고 가라고 말한다.

    b. 안으로 들여 싫어하는 이유를 장황하게 설명한다.

    c. 빨리 보내기 위해 기부를 한다.

14 자선 단체 회원이 동네를 돌아다니며 기부를 청한다. 이미 다른 단체에 기부를 한 터라 더 이상 기부할 여력이 없다. 그럴 경우 어떻게 하는가?

    a. 미안하지만 당장은 기부할 여유가 없다고 말한다.

    b. 충분히 기부했다고 생각한다며 솔직하게 거부 의사를 밝힌다.

    c. 집 안에 아무도 없다고 생각하도록 벨을 눌러도 모른 척한다.

15 친구가 방금 구입한 옷에 대해 의견을 물어온다. 그럴 경우 어떻게 하는가?

    a. 잘못 고른 것 같다고 솔직하게 말한다.

    b. 화제를 다른 데로 돌린다.

    c. 마지못해 칭찬하면서 친구가 눈치 채기를 바란다.

16 정치인이 다가오는 선거에서 한 표를 부탁하며 집에 찾아온다. 그럴 경우 어떻게 하는가?

   a. 지지할 의사가 없다고 솔직하게 밝힌다.

   b. 다른 후보에게 그랬듯이 찍어주겠다고 말한다.

   c. 현안에 대해 의견 교환을 하면서 나중에 마음을 결정하겠다고 말한다.

17 친구들이 지루할 것 같은 모임에 함께 가자고 청한다. 그럴 경우 어떻게 하는가?

   a. 일단 가서 관심을 가지려고 최대한 노력한다.

   b. 지루할 것 같으니 다른 모임을 알아보자고 제안한다.

   c. 약속 시간을 몇 분 남겨놓고 전화를 걸어 아프다고 둘러댄다.

18 괜찮다고 생각하는 사람이 동의할 수 없는 의견을 제시한다. 그럴 경우 어떻게 하는가?

   a. 친해질 수 있는 기회를 놓치고 싶지 않아 아무 말도 하지 않는다.

   b. 정직이 통하기를 바라면서 자신의 생각을 당당하게 밝힌다.

   c. 반대 의사를 에둘러 말할 뿐 본격적인 논쟁은 피한다.

19 자신의 입장을 분명하게 밝히는 것이 인기를 얻는 것보다 중요하다고 생각하는가?

a. 그렇다.

b. 아니다.

c. 잘 모르겠다.

20 어떤 사안이 화제에 올랐을 때 입장이 분명한데도 평화로운 분위기를 유지하기 위해 입을 다무는 편인가?

a. 대충 그런 편이다.

b. 그렇지 않다.

c. 경우에 따라서는 그렇다.

21 시어머니나 장모가 주말에 찾아와 온갖 집안일을 간섭하기 시작한다. 그럴 경우 어떻게 하는가?

a. 그렇게 못마땅하거든 가시라고 말한다.

b. 월요일이면 가실 테니 신경 쓰지 않는다.

c. 기회를 보아 자신에게는 지금의 생활 방식이 잘 맞는다고 조용히 말씀드린다.

22 운동 경기를 관람하러 갔는데 어쩌다 보니 주변이 온통 상대 팀을 응원하는 사람들 천지다. 그럴 경우 어떻게 하는가?

a. 입을 꼭 다문 채 자신이 어느 팀 서포터인지 내색하지 않는다.

b. 큰 소리로 자신의 팀을 응원한다.

c. 상대 팀 서포터들에게 농담조로 자신은 다른 팀을 응원한다고 말한다.

23 술집에서 덩치가 아주 큰 취객이 인종차별성 발언을 한다. 그럴 경우 어떻게 하는가?

a. 조용히 술집을 나온다.

b. 그 문제에 대해 토론을 하려고 한다.

c. 큰 소리로 입 좀 다물라고 말한다.

24 경찰관이 세탁소에서 옷을 찾기 위해 불법 주차를 하는 장면을 목격한다. 그럴 경우 어떻게 하는가?

a. 면전에서 불만을 제기한다.

b. 경찰관과 문제를 일으키고 싶지 않아 모른 척한다.

c. 경찰서장에게 편지를 보내 정식으로 항의한다.

25 육성회에서 뭘 건의하고 싶은데 다른 사람들이 싫어할 것 같다. 그럴 경우 어떻게 하는가?

a. 다른 사람들이 뭐라고 생각하건 하고 싶은 말을 한다.

b. 사람들과 잘 지내야 하기 때문에 입을 다문다.

c. 회의가 끝난 후 육성회장 앞으로 편지를 보낸다.

과단성 테스트 채점표 : 306쪽

TEST 2
오만 테스트

이번 주제는 약간 까다롭다. 문제는 천재가 되려면 오만해야 한다는 데 있다. 그것도 아주 많이. 콧대 높은 천재들의 세계에서 자신을 낮추는 겸손한 태도로는 성공하기 어렵다. 우리는 이미 과단성 테스트를 치렀고, 또 과감하다는 평에 신경 쓰는 사람은 아무도 없다. 심지어 '잘난 척한다'는 말도 그리 나쁘지는 않다. 여러분이 얼마나 오만한지 알아보자.

01 "싫어도 참아!"라는 말을 자주 하는 편인가?

   a. 아니다. 너무 무례한 말이다.

   b. 안 될 건 또 뭔가? 사람들이 자신의 분수를 알도록 해야 한다.

   c. 화가 나면 그런 말을 하기도 한다.

02 "거물일수록 추락할 때 충격이 강하다." 이 말을 믿는가?

   a. 맞는 말이다. 세게 때려야 다시 일어나지 못한다.

   b. 글쎄, "상대가 거물일수록 내가 많이 다친다."로 바꾸면 맞다.

c. 적어도 이론상으로는 맞는 말이다.

03 "굳이 내 말에 동의하지 않아도 내가 시키는 대로만 하면 돼." 이 말에 동의하는가?

a. 때로는 강하게 나가야 할 필요가 있다.

b. 너무 오만한 말이다.

c. 그렇다. 사람들이 자신의 분수를 알도록 해야 한다. 그렇지 않으면 무릎을 꿇든가.

04 "나는 늘 다른 사람의 의견에 귀를 기울인다." 이런 편인가?

a. 무엇 때문에?

b. 시간이 있으면 그렇게 한다.

c. 물론이다.

05 "억지로 패배를 인정하게 하는 것보다 서로 의견을 조율하는 것이 훨씬 낫다." 이 말을 어떻게 생각하는가?

a. 물론 그래야 한다.

b. 그럴 수 있으면 좋지만 그렇지 못할 경우 강경책을 사용해야 한다.

c. 그럴 필요 없다. 상대방이 손을 들 때까지 무조건 밀어붙여야 한다.

06 "나는 유능한 외교관이다." 그런가?

   a. 아니다. 차라리 3차 세계대전을 일으키는 편이 낫다.

   b. 그렇다. 나는 외교에 아주 능하다.

   c. 나는 상당히 외교적이다.

07 다른 사람들의 의견을 들을 필요가 있다고 생각하는가?

   a. 아주 유용할 때가 많다.

   b. 왜 그래야 하지? 다른 사람들이 뭘 안다고?

   c. 때로 유용할 수도 있다.

08 "뻔뻔해야 결국 이긴다." 이 말에 동의하는가?

   a. 그렇다. 뻔뻔할수록 실패하는 법이 거의 없다.

   b. 그런 말 모른다. 나는 그런 적이 한 번도 없다.

   c. 자주 사용하는 전술은 아니지만 때로 효과가 있기도 하다.

09 "내가 늘 옳기 때문에 사람들은 내 말에 귀를 기울인다." 그런가?

   a. 아니다. 나는 그러는 게 싫다.

   b. 아니다. 더러 내가 옳기도 하지만 사람은 늘 오류를 범하기 마련이다.

   c. 그렇다. 오만하다고 해도 상관없다.

10 "재능이 많은 사람에게는 겸손도 어느 정도 필요하다고 생각한다." 이 말을 어떻게 생각하는가?

a. 재능이 많다면 당연히 자랑해야 한다.

b. 겸손은 매우 중요하다고 생각한다.

c. 겸손한 건 좋지만 지나치면 안 된다.

11 "운전할 때면 다른 사람들이 양보해주길 바란다." 그런가?

a. 다른 사람들이 양보하는 만큼 나도 양보한다.

b. 내 시간은 중요하다. 다른 사람들 때문에 내가 속도를 줄일 필요는 없다.

c. 때로 추월해야 할 필요가 있긴 하지만 되도록 그렇게 하지 않는다.

12 "사람들이 내 말에 반대하면 낯이 뜨겁다." 그런가?

a. 그 반대다.

b. 그렇다.

c. 공감은 하지만 너무 겸손하지 않으려고 노력한다.

13 "사람들이 나의 성과를 칭찬해주길 바란다." 그런가?

a. 아니다.

b. 나의 진가를 인정받는다는 것은 좋은 일이다.

c. 당연한 일 아닌가?

14 "나는 남들과 다르다." 그렇다고 생각하는가?

a. 꼭 그런 건 아니지만 나에겐 남다른 재능이 있다고 생각한다.

b. 무슨 소리!

c. 물론이다.

15 "나에게는 천재성을 빼면 아무것도 없다." 오스카 와일드의 이 말에 동의하는가?

a. 물론 아니다.

b. 꼭 그런 건 아니지만 내게는 남다른 재능이 있다.

c. 물론이다. 오스카 와일드가 누군가?

16 "내가 하는 일은 인류에게 말할 수 없이 중요하다." 그렇게 생각하는가?

a. 당연하다.

b. 아니다. 절대 아니다.

c. 상당히 중요하긴 하지만 필수적이지는 않다.

17 "내 이름은 역사에 길이 남을 것이다." 그렇게 생각하는가?

    a. 아니다.

    b. 그렇게 생각하고 싶지만 자신은 없다.

    c. 물론이다.

18 "사람들은 나의 진가를 이해하지 못한다." 그렇게 생각하는가?

    a. 애석하게도 그렇다. 하지만 손해는 그들 몫이다.

    b. 무슨 소리. 아니다.

    c. 나는 훌륭하지만 그렇게까지 훌륭하지는 않다.

19 "우리 집은 나를 중심으로 돌아야 한다." 이 말에 동의하는가?

    a. 대개는 가족들에게 맞추려고 노력하지만 때로 내 요구가 우선일 필요가 있다.

    b. 나는 늘 다른 사람들을 고려한다.

    c. 그렇다. 태양계를 생각해보라.

20 "주목받는 게 좋다." 그런가?

    a. 천만의 말씀

    b. 가끔은 그렇다.

c. 좋으냐고? 당연하지.

21 "나는 다른 사람들의 칭찬과 존경을 받을 만하다." 그렇게 생각하는가?

a. 물론 그렇게 생각한다.

b. 아니다. 그런 생각해본 적 없다.

c. 당연하다. 그리고 나에게는 그 이상의 가치가 있다.

22 "이 나라에는 일을 좌지우지하는 사람이 2백여 명밖에 되지 않는데, 나도 그중 하나다." 그런가?

a. 그렇게 생각하지 않는다. 설사 그렇다 해도 나는 포함되지 않는다.

b. 나도 꽤 영향력을 행사하는 편이지만 그렇게까지는 아니다.

c. 사실이 그렇다.

23 "가는 곳마다 사람들이 나를 알아본다." 그런가?

a. 그렇다. 거기에 익숙하다.

b. 내 작품을 읽은 사람들은 나를 알아본다.

c. 아니다. 나는 전혀 유명하지 않다.

24 "어딜 가나 VIP처럼 대접받기를 바란다." 그런가?

    a. 아니다.

    b. 그렇다. 내겐 그럴 자격이 있다.

    c. 가끔은 그렇다.

25 "다른 사람들은 내 삶을 좀더 쉽게 해주기 위해 존재할 뿐이다." 그렇게 생각하는가?

    a. 물론이다. 천재는 당연히 대접받아야 한다.

    b. 말도 안 되는 소리다.

    c. 어느 정도는 맞는 말이다.

오만 테스트 채점표 : 307쪽

TEST 3
카리스마 테스트

천재가 되려면 사람들을 끌어들이는 힘, 즉 카리스마가 있어야 한다. 카리스마가 여러분이 선보이는 작품의 질에 영향을 미치거나 독창적인 아이디어를 제공하는 것은 아니지만 앞에서 살펴보았듯이 천재가 되려면 사람들에게 여러분이 천재라는 인식을 심어주어야 한다. 여러분의 말을 이해조차 못하는 사람들이 여러분이 실은 천재라고 믿을 경우 여러분은 천재가 된다. 여러분에게 그런 자질이 있는지 알아보는 것이 이번 테스트의 목적이다.

01 인기가 많은 편인가?

    a. 그렇다. 그래서 때로 당혹스럽기도 하다.

    b. 아니다. 남들과 마찬가지다.

    c. 약간 그런 편이다.

02 논쟁의 성격에 상관없이 사람들이 여러분의 말에 동의하는가?

    a. 아니다.   b. 가끔 그렇다.   c. 늘 그렇다.

03 정계에 진출하면 훌륭한 정치 지도자가 될 자신이 있는가?

    a. 그렇다. 내 정책과 상관없이 사람들은 내게 표를 던질 것이다.

    b. 아니다. 세상에서 가장 훌륭한 정책을 가지고 나온다 해도 나는 선
    출되지 못할 것이다.

    c. 보통 수준만큼은 표를 얻을 것이다.

04 추종자들을 쉽게 끌어들일 수 있을 것 같은가?

    a. 전혀 아니다.

    b. 그리 쉬운 일은 아니다.

    c. 그렇다. 아무 문제없다.

05 우연히 알게 된 사람들이 여러분에게 마음을 터놓고 살아온
이야기를 자세히 들려주는 편인가?

    a. 가끔 있다.

    b. 그런 적 없다.

    c. 늘 그런 편이다. 꼼짝없이 들어주어야 할 때도 더러 있다.

06 아이들과 동물들이 여러분을 잘 따르는 편인가?

    a. 대개 물린다.

    b. 잘 지내는 편이라고 생각한다.

c. 아이들과 애완동물에게 늘 인기가 높다.

07 열차나 버스에서 낯선 사람이 여러분 옆자리에 잘 앉는 편인가?

    a. 종종 그렇다.   b. 가끔 그렇다.   c. 거의 없다.

08 길을 물어오는 사람들이 많은가?

    a. 거의 없다.   b. 종종 있다.   c. 매우 자주 있다.

09 뚜렷한 이유도 없이 사람들에게 따돌림을 당한 적이 있는가?

    a. 있다. 기분이 나쁜데 왜 그런지 이유를 모르겠다.

    b. 전혀 없다.

    c. 그런 적은 한 번도 없다.

10 하는 일에 제자나 후배 등 아랫사람들을 끌어들이는 편인가?

    a. 종종 그렇다.   b. 전혀 아니다.   c. 더러 그렇다.

11 성격의 힘만으로 군중을 선동할 자신이 있는가?

    a. 벌써 여러 번 경험했다.

    b. 없다. 성격 이상의 그 무언가가 필요하다.

    c. 약간은 영향을 미칠 수 있겠지만 바스티유와 같은 폭동을 일으키게 할 수는 없다.

12 사람들이 여러분에게 리더십을 기대하는 편인가?

    a. 때때로 그렇다.   b. 그런 일은 절대 없다.   c. 종종 그렇다.

13 실질적인 이익을 전혀 얻지 못하는데도 옛날 친구들이 자주 연락해오는 편인가?

    a. 그렇다. 한참 전에 알던 친구들도 여전히 연락해온다.

    b. 아니다. 한 번 헤어지면 다들 내 존재를 까맣게 잊어버린다.

    c. 옛날 친구들이 몇 명 있다.

14 이성에게 인기가 많은 편인가?

    a. 대개는 그런 편이다.

    b. 늘 그래서 거기에 익숙하다.

    c. 아니다. 그게 바로 내 문제다.

15 사람들이 여러분을 놓고 서로 차지하려고 다투는 편인가?

   a. 전혀 그렇지 않다.   b. 가끔 있다.   c. 그래서 골치 아프다.

16 자신에게 사람들을 지배하는 뭔가 특별한 힘이 있다고 생각하는가?

   a. 가끔은 그렇다.   b. 그런 적 없다.   c. 그런 것 같다.

17 성난 군중을 제지할 자신이 있는가?

   a. 노력은 하겠지만 결과는 장담하지 못할 것 같다.

   b. 몰매를 맞을 것 같다.

   c. 자신 있다.

18 단지 여러분이 제안했다는 이유 때문에 이상한 아이디어라 하더라도 사람들이 받아들일까?

   a. 어쩌면.

   b. 아니다. 내가 제안했다는 사실 때문에 일이 더 어려워질 것이다.

   c. 그렇다. 충분히 그럴 수 있다.

19 대중 토론을 쉽게 주도하는 편인가?

    a. 전혀.   b. 늘 하는 일이다.   c. 어쩌다 가끔.

20 다른 사람을 잘 따르는 편인가?

    a. 아니다. 내가 늘 앞장선다.

    b. 그렇다. 남을 추종하는 게 내 성격에 맞다.

    c. 상황에 따라 추종자가 되기도, 지도자가 되기도 한다.

21 사람들이 다그치면 겁이 나는가?

    a. 아니다. 그런 데 익숙하다.

    b. 약간 당혹스럽다.

    c. 매우 긴장된다.

22 천재가 될 가능성이 없다면 연예인을 직업으로 택할 마음이 있는가?

    a. 그런 생각은 하기도 싫다.

    b. 구미가 당긴다.

    c. 자신할 순 없지만 괜찮을 것 같다.

23 다른 사람들의 관심에 자극을 받는 편인가?

    a. 물론이다.

    b. 아니다. 오히려 당혹스럽다.

    c. 이제는 거의 눈치채지 못할 정도로 거기에 익숙하지만 아무래도
       사람들의 관심을 바라는 것 같다.

24 실제 신앙과 상관없이 설교자에게 필요한 자질을 가지고 있
는가?

    a. 물론이다. 그보다 쉬운 일은 없지 싶다.

    b. 할 순 있겠지만 잘할 자신은 없다.

    c. 아니다. 나 때문에 교회가 텅 빌 것이다.

25 오로지 성격의 힘만으로 물건을 팔 자신이 있는가?

    a. 아니, 전혀 없다.

    b. 잘 해낼 수 있을 것 같다.

    c. 아무 문제없다. 사람들은 늘 내 비위를 맞추려고 든다

카리스마 테스트 채점표 : 308쪽

TEST 4
개념화 능력 테스트

천재가 되려면 개념 중심으로 사고해야 한다. 대체로 천재들은 평범한 사람들과는 거리가 멀다. 그들은 큰 그림을 보면서 실용성보다는 아이디어를 중시한다. 이번 테스트로 개념화 능력이 얼마나 되는지 알아보자.

01 집의 난방 체계를 원리까지 이해하고 있는가, 아니면 고장났을 때 고칠 수 있는 수준에 그치는가?

　a. 작동이 제대로 되는 한 신경 쓰지 않는다.

　b. 모조리 알고 싶다.

　c. 고칠 수는 있지만 원리에 대해선 신경 쓰지 않는다.

02 자동차 엔진을 고칠 수 있는가?

　a. 엔진에 대해 아는 게 하나도 없다.

　b. 그렇다. 아무 문제없다.

　c. 노력은 해보겠지만 결과를 장담할 순 없다.

03 그저 재미 삼아 아이디어를 가지고 노는가?

    a. 늘 그렇다.

    b. 아니, 전혀 관심 없다.

    c. 더러 관심을 끄는 아이디어가 있다.

04 기계를 붙잡고 씨름하길 좋아하는가?

    a. 그저 그렇다.

    b. 그런 일로 공연히 신경 쓰고 싶지 않다.

    c. 기계를 가지고 놀 때가 제일 행복하다.

05 혼자 뚝딱뚝딱 뭘 잘 고치는 편인가?

    a. 천만에 그런 쪽으로는 영 소질이 없다.

    b. 누가 잔소리 할 때에 한해서만 그렇다.

    c. 그렇다. 그것도 무척 신나하면서 고친다.

06 수학을 즐기는가?

    a. 그렇다. 수학이 너무 좋다.

    b. 아니다. 지겨워한다.

    c. 꽤 재미있어한다.

07 음악 이론을 이해할 수 있는가?

    a. 전혀 아니다.

    b. 물론이다.

    c. 학교 다닐 때는 그런 편이었다.

08 바둑이나 장기를 즐기는가?

    a. 그렇다. 시간만 나면 둔다.

    b. 둘 수는 있지만 자주 두지는 않는다.

    c. 어떻게 두는지 모른다.

09 고장난 기계를 고치는 것과 연주회에 가는 것 중 어느 쪽을 좋아하는가?

    a. 둘 다 좋아한다.

    b. 고장난 기계가 있으면 언제고 내게 맡겨만 달라.

    c. 기계를 고치느니 차라리 치과에 가겠다.

10 일이 돌아가는 경위를 알고 싶어 근질근질한가?

    a. 그렇다. 나는 호기심이 아주 많다.

    b. 아니다. 일이 제대로 돌아가는 한 상관하지 않는다.

    c. 관심은 많지만 강박증의 수준까지는 아니다.

11 왜 그런지 이유를 알고 싶어 안달하는 편인가?

    a. 그렇다. 그 이상이다.

    b. 그렇다. 매우 흥미를 느낀다.

    c. 아니다. 상관하지 않는다.

12 사용할 기회가 없는데도 새로운 언어를 배우겠는가?

    a. 뭐 하러?

    b. 그럴 수도

    c. 그렇다. 쓸모가 없더라도 언어는 모두 배우고 싶다.

13 선택할 수 있다면 우주에 관한 이론을 만들겠는가, 아니면 우주 로켓을 제작하는 일에 참여하겠는가?

    a. 둘 다 하고 싶다.

    b. 로켓을 만드는 것이 더 재미있을 것 같다.

    c. 이론 작업이 마음에 든다.

14 친구들에게 실용성이 떨어진다는 말을 자주 듣는 편인가?

    a. 그런 편이다.

    b. 나처럼 실용성을 따지는 사람도 드물 것이다.

    c. 아니다. 그런 적 별로 없다.

15 기계가 고장나면 다들 여러분에게 도움을 요청하는가?

    a. 늘 그렇다.

    b. 더 망가지기를 바란다면 모를까, 그렇지 않다.

    c. 기계 수리는 내 전공이 아니다.

16 VCR을 작동하는 데 아무 문제가 없는가?

    a. 그렇다. 그걸 못하는 사람도 있나?

    b. 때로 잘못 작동하기도 한다.

    c. 그 밍힐 물건이 나를 싫어한나!

17 정리정돈이 필요한 일이 생기면 남에게 맡기는 편인가?

    a. 솔직히 말하면 그렇다.

    b. 나 혼자 처리할 수 없는 일도 있다.

    c. 아니다. 그런 종류의 도움은 전혀 필요 없다.

18 철학에 매력을 느끼는가?

    a. 조금도 관심 없다.

    b. 관심이 꽤 있다.

    c. 그렇다. 철학에 더 많은 시간을 투자하고 싶다.

19 학문 연구는 현실과 거리가 멀다고 생각하는가?

    a. 꼭 그렇지만도 않다.

    b. 그렇다. 학문은 내게 고통을 준다.

    c. 물론 아니다. 학문은 현실과 관련이 있다.

20 기계를 다루는 능력이 뛰어나서 자부심을 느낀다. 그런가?

    a. 그렇다.

    b. 아니다. 적어도 내게 해당하는 이야기는 아니다.

    c. 기계들이 서로 짜고 내게 반기를 든다.

21 기계가 어떻게 작동되는지 전혀 모르지만, 이 점에 난 당당하다. 그런가?

    a. 그렇다. 기계들이 나를 싫어하는 만큼 나도 기계를 싫어한다.

    b. 아니다. 나는 그런 사람들을 참을 수 없다.

    c. 아니다. 무지는 절대 자랑거리가 되지 못한다.

22 운전을 잘하는가?

    a. 그렇다. 나는 탁월한 운전사다.

    b. 보통 실력은 된다.

    c. 아니다. 아예 배운 적도 없다.

23 필리스틴어로 쓰인 문서가 내일 발견된다면 흥분할 것 같은가?

   a. 정말 굉장할 것 같다!

   b. 그런 죽은 언어에 관심을 가질 이유가 없다.

   c. 흥미롭긴 하겠지만 흥분할 만큼은 아닌 것 같다.

   (※필리스틴 : 옛날 팔레스타인 남부에 살던 민족으로 유대인의 강적―옮긴이.)

24 삶의 의미에 대해 생각을 많이 하는 편인가?

   a. 때로 그렇다.

   b. 그러기엔 너무 바쁘다.

   c. 물론이다. 가장 중요한 질문 아닌가.

25 가령 항공모함의 엔진실을 책임지게 된다면 어떨 것 같은가?

   a. 배를 잃고 싶은가?

   b. 내게는 그럴 만한 능력이 없다.

   c. 기회만 달라.

개념화 능력 테스트 채점표 : 309쪽

TEST 5
통제력 테스트

천재가 되려면 자신의 삶을 완전히 통제할 수 있어야 한다. 좀더 정확하게 말하면 자신의 삶은 바로 자신이 지배한다고 믿어야 한다. 스스로 운명의 주인이라고 생각하는가, 아니면 자신의 삶이 외부의 통제를 받고 있다고 믿는가? 이번 테스트는 그 답을 찾는 데 도움이 될 것이다.

01 삶이 원하는 방향대로 가고 있다고 자신하는가?

    a. 당연히 그렇다.

    b. 때로 불안하다.

    c. 내 삶이 어디로 가고 있는지 전혀 모르겠다.

02 스스로 자기 삶의 '운전석'에 앉아 있다고 생각하는가?

    a. 아니다. 승객인 것 같다는 생각이 더 많이 든다.

    b. 그렇다. 대개는 내가 운전한다.

    c. 그렇다. 그리고 승객이 운전하게 놔두는 일은 절대 없다!

03 운명을 믿는가?

   a. 그런 편이다.

   b. 그렇다. 뭔가 미리 정해진 게 분명히 있다고 믿는다.

   c. 아니다. 그런 말도 안 되는 소리를 들으면 화가 난다.

04 행운도 만들기 나름이라고 생각하는가?

   a. 아니다. 운은 다른 데서 온다고 생각한다.

   b. 그렇다. 그래야 한다.

   c. 가능한 한 최선을 다해 스스로를 도우려고 노력한다.

05 원양선 선장이 되고 싶은가?

   a. 끔찍할 것 같다.

   b. 도전해볼 만하다.

   c. 괜찮을 것 같지만 잘해 낼 자신은 없다.

06 "시청을 상대로 싸울 순 없다."는 말을 어떻게 생각하는가?

   a. 말도 안 되는 소리. 누구와도 싸울 수 있다.

   b. 맞는 말일 수도 있다.

   c. 언제든 싸울 수는 있지만 이기지는 못한다.

07 집에서 발언권이 센 편인가?

    a. 그렇지 못하다. 다른 구성원의 입김이 세다.

    b. 권력 게임 없이도 우리 가족은 잘 지낸다.

    c. 물론이다.

08 누군가의 지시를 받아야 한다면 어떤가?

    a. 끔찍하다. 언제나 내가 제일 잘 안다.

    b. 지시를 받아도 상관없다.

    c. 그래도 상관없지만 때로 결정에 이의를 제기하기도 한다.

09 팀 게임을 즐기는가?

    a. 그렇다. 나는 동지애가 좋다.

    b. 상관없지만 그렇게 즐기지는 않는다.

    c. 내가 대장일 경우에 한해서만 즐긴다.

10 책임을 지는 게 두려운가?

    a. 약간 두렵다.

    b. 책임을 진다는 것은 두려운 일일 수도 있다.

    c. 내가 통제권을 쥐어야 직성이 풀린다.

11 청소년 범죄가 사회 탓이라고 생각하는가?

    a. 어느 정도는 그렇다고 생각한다.

    b. 그렇다. 사회가 잘못 돌아가기 때문에 청소년들이 방황한다고 생각한다.

    c. 사람들은 스스로에게 책임이 있다. 다른 사람 때문에 범죄자가 된다는 건 있을 수 없는 일이다.

12 자기 사업을 하고 싶은가?

    a. 아니다. 너무 위험할 것 같다.

    b. 상관없지만 불안할 것 같다.

    c. 남 밑에서 일한다는 건 상상할 수도 없다.

13 예를 들어 군대와 같은 공동체의 일원이 되고 싶은가?

    a. 그렇다. 다른 사람이 책임의 일부를 져준다고 생각이 마음에 든다.

    b. 아니다. '공동체 정신' 따위는 질색이다.

    c. 아무래도 상관없다.

14 자기 삶에 대해선 자신이 완전히 책임져야 한다고 생각하는가?

    a. 나한테는 좀 가혹한 것 같다.

b. 어쩌면, 하지만 때로 약간의 도움이 필요하기도 하다.

c. 그렇다. 자기 삶을 달리 누가 책임지겠는가?

15 몸이 아파서 일이 뜻대로 되지 않는다면 어떨 것 같은가?

a. 생각만 해도 미칠 것 같다.

b. 책임으로부터 해방될 수 있어 아주 신날 것 같다.

c. 한동안 그런들 상관없다.

16 삶이 여러분에게 등을 돌리는 듯한 기분을 가끔 느끼는가?

a. 꼭 그렇지는 않다.

b. 그렇다. 종종 그런 느낌을 받는다.

c. 어림도 없는 소리, 내 삶은 내가 책임진다.

17 인간에게는 자유의지가 있다는 말을 믿는가?

a. 잘 모르겠다.

b. 그렇게 생각하지 않는다.

c. 그렇다고 알고 있다.

18 자신의 운세를 본 적이 있는가?

    a. 재미 삼아 본 적 있다.

    b. 운세 결과를 진지하게 받아들인다.

    c. 그런 쓸데없는 짓을 뭐 하러 하나!

19 삶의 방향이 미리 정해져 있다고 보는가?

    a. 물론 아니다.

    b. 그럴지도 모른다.

    c. 그렇다. 우리가 바꿀 수 없는 뭔가가 있다고 생각한다.

20 신의 도움이 필요하다고 느낀 적 있는가?

    a. 늘 그렇다.

    b. 신이 우리를 돕는다고 믿는다.

    c. 아니다. 나 혼자 힘으로 잘해 낼 수 있다.

21 자기 자신을 완전히 신뢰하는가?

    a. 그렇다. 나 아니면 누굴 믿겠는가?

    b. 대부분은 믿는다.

    c. 아니다. 스스로 못 미더울 때가 아주 많다.

22 자기 삶은 자신이 지배한다고 확신하는가?

  a. 물론이다.

  b. 그렇게 생각하고 싶다.

  c. 자신이 없다.

23 정부가 자신의 삶을 통제한다고 믿는가?

  a. 무슨 소리, 허섭스레기 같은 정치인들이? 나는 그런 사람들이 하
     나도 필요치 않다.

  b. 물론이다. 결국 우리가 선출한 사람들 아닌가.

  c. 대체로는 그 사람들 손에 맡기는 게 속편하다.

24 언제나 자신이 가장 잘 안다고 생각하는가?

  a. 내 인생에 관한 한은 그렇다.

  b. 나는 충고에 열려 있다.

  c. 누군가가 내게 할 일을 말해줬으면 좋겠다는 생각이 종종 든다.

25 여러분은 자기 배의 선장인가?

  a. 그렇다. 그렇지 않은 순간은 단 몇 분도 견딜 수 없다!

  b. 대개는 그렇다.

  c. 아니다. 누군가 다른 사람이 내 배를 운전하는 것 같다.

통제력 테스트 채점표 : 310쪽

TEST 6
만족을 유보할 수 있는
능력 테스트

마시멜로 실험을 들어봤는가? 실험은 5~7세 아이들에게 마시멜로를 주며 시작된다. 실험 진행자는 아이들에게 이렇게 말했다.

"마시멜로를 줄 테니까 원하면 당장 먹어도 돼. 하지만 조금 있다 내가 나갔다 다시 이 방에 들어왔을 때 네가 마시멜로를 먹지 않았다면 두 개 더 줄게."

여러분은 어떻게 하겠는가? 실험을 진행한 심리학자는 15년간 추적 조사를 했다. 결과는 놀라웠다. 만족을 유보할 수 있는 아이들, 다시 말해 유리한 고지를 점하기 위해 참을 줄 아는 아이들은 나중에 커서 마시멜로를 곧바로 먹은 아이들에 비해 훨씬 큰 성과를 거두었다. 따라서 천재가 되고자 한다면 만족을 유보할 줄 알아야 한다. 문제없다고? 이번 테스트를 통해 확인해보자.

01 마시멜로로 시작해보자. 마시멜로를 두 개 더 얻기 위해 20분 동안 참을 수 있겠는가? 솔직해야 한다!

  a. 물론이다. 필요하다면 그 두 배도 기다릴 수 있다.

  b. 아니다. 포기하고 손에 쥔 한 개를 먹어버릴 것 같다.

  c. 기다릴 수는 있겠지만 무척 힘들 것 같다.

02 선물을 미리 슬쩍 훔쳐보는 편인가?

  a. 그런 적이 있다.

  b. 아니다. 그러면 선물을 기다리는 즐거움을 망치고 만다.

  c. 늘 그런 편이다. 참을 수가 없다.

03 "못 기다리겠어!"라는 말을 자주 하는 편인가?

  a. 전혀 아니다.   b. 그렇다.   c. 자주는 아니지만 가끔 한다.

04 참나무처럼 더디게 자라는 나무를 심겠는가?

  a. 그럴지도 모르겠다.

  b. 물론이다. 미래에 즐거움을 선사할 테니까.

  c. 뭐 하러? 무슨 이득을 보겠다고?

05 5년 동안 아껴두었다가 비싼 휴가를 떠나겠는가, 아니면 당장 값싼 휴가를 떠나겠는가?

a. 값싼 휴가를 택하겠다. 당장 내일 무슨 일이 닥칠지 누가 알겠는가?

b. 아껴두는 쪽을 생각해보겠다.

c. 당연히 아껴둔다.

06 끼니때가 되면 어떤 음식이 나올지 궁금한 나머지 몰래 부엌을 들여다보는 편인가?

a. 아니다. 해본 적이 없다.

b. 그렇다. 때로 참을 수가 없다.

c. 물론이다. 다들 그러지 않나?

07 뭔가 좋은 일을 앞두고 기다리는 게 고역인가?

a. 아니다. 뭔가를 기대하는 그 마음을 즐기는 편이다.

b. 괴로운 나머지 비명을 지른다.

c. 많이만 기다리지 않는다면 별로 개의치 않는다.

08 책 한 권을 다 읽고 도서관에 후속편을 빌리러 간다. 그런데 누군가가 대출해 가고 없다. 어떻게 하겠는가?

a. 서점으로 달려가 한 권 구입한다.

b. 예약해놓고 빌려간 사람이 반납할 때까지 느긋하게 기다린다.

c. 초조하게 기다린다.

09 새 옷을 사고 싶다. 단골 가게에는 그 옷이 떨어졌지만 다음 주쯤 원하는 옷을 살 수 있을 것 같다. 그런데 50마일 떨어진 곳에 있는 또 다른 대리점에 가면 원하는 옷을 당장 살 수 있다. 어떻게 하겠는가?

a. 단골 대리점이 그 옷을 구비할 때까지 기다린다.

b. 당장 차를 몰아 50마일 떨어진 또 다른 대리점으로 향한다.

c. 또 다른 대리점에 전화를 걸어 전화로도 주문이 가능한지 알아본다.

10 원하는 뭔가를 기다리는 일이 수월한가?

a. 솔직히 말하면 전혀 쉽지 않다.

b. 조금 기다리는 건 상관없다.

c. 기다릴 만한 가치가 있는 일이라면 아무리 기다려도 상관없다.

11 최신 영화를 보기 위해 기다리고 있다. 그런데 영사기가 고 장나서 고치려면 30분이 걸린다는 안내 방송이 나온다. 어떻 게 하겠는가?

a. 밖에 나가서 피자를 사먹은 다음 30분 후에 다시 돌아온다.

b. 아무 불평 없이 기다린다.

c. 담당자에게 강하게 항의하고 나서 30분 동안 내내 성질을 낸다.

12 배우자와 함께 아기를 기다리고 있다. 그런데 아기의 성별을 알 수 있는 방법이 있다. 어떻게 하겠는가?

a. 알고 싶어 도저히 참을 수 없을 것 같다.

b. 배우자가 원하는 대로 할 것 같다.

c. 자연스레 알게 될 때까지 그냥 기다릴 것 같다. 미리 아기의 성별을 알면 나중에 기쁨이 반감뇌지 않나?

13 시험을 앞두고 있지만 그러고 나면 해외여행이 기다리고 있다. 시험 결과는 우편으로 발송될 예정이다. 어떻게 하겠는가?

a. 결과가 나오길 기다리며 외국 우체국 주변을 서성인다.

b. 비싼 요금을 내고 국제 전화를 걸어 결과를 알아본다.

c. 여행에서 돌아올 때까지 기다린다.

14 출장 때문에 배우자나 애인과 잠시 떨어져 있어야 한다. 어떻게 하겠는가?

a. 가능한 한 일을 빨리 끝내고 집으로 돌아온다.

b. 일을 하는 내내 전화, 편지, 이메일 세례를 퍼붓다 돌아오는 첫 비행기를 탄다.

c. 잠시 동안의 이별은 둘 다에게 좋은 시간이 될 테니 여유를 가지고 일을 꼼꼼하게 처리한다.

15 정말 원하는 일이 있다면 얼마나 기다릴 수 있는가?

a. 선택이 가능하다면 몇 초 이내.

b. 몇 시간이나 며칠은 괜찮지만 몇 주나 몇 달은 곤란할 것 같다.

c. 필요하다면 몇 년도 기다릴 수 있다.

16 인내는 미덕이라고 생각하는가?

a. 그렇다. 내가 가진 미덕이 있다면 바로 인내다.

b. 아니다. 하지만 나는 참을성이 강한 편이다.

c. 아니다. 나는 참는 걸 싫어한다. 왜 참아야 하나?

17 연금 보험에 들었는가?

a. 뭐 하러? 앞으로 몇 년 동안은 은퇴할 염려가 없는데.

b. 물론이다. 신중해서 나쁠 것 없지 않은가.

c. 그렇다. 하지만 액수가 많지는 않다.

18 몇 년 동안 돈이 나오지 않을지도 모르는 과학 연구처럼 장기간의 프로젝트에 매달릴 마음이 있는가?

a. 재미만 있다면 그럴지도 모른다.

b. 그러기에 인생은 너무 짧다.

c. 분명히 할 것 같다. 뭐든 가치 있는 일은 시간이 걸리는 법 아닌가.

19 생각지도 않은 선물이 배달됐다. 하지만 당장 급한 약속이 잡혀 있다. 어떻게 하겠는가?

a. 포장지를 잡아 찢고 선물을 열어본다. 약속은 까맣게 잊어버린다.

b. 돌아올 때까지 선물 꾸러미를 놔둔다. 기쁨보다도 기대감이 더 크다.

c. 약속 장소에 가서 가능한 한 일을 빨리 끝내고 돌아온다.

20 봉급이 더 많은 새 일자리를 제의받았다. 하지만 지금 다니는 직장은 3년만 지나면 장래가 아주 밝다. 어떻게 하겠는가?

a. 미련 없이 옮긴다. 어쨌든 이곳에서는 있을 만큼 있었다.

b. 남는다. 인내의 열매는 달콤할 터이므로.

c. 좀더 버티긴 하지만 계속 다른 일자리를 알아본다.

21 "기다리는 자에게는 복이 오기 마련이다." 이 말에 동의하는가?

    a. 맞을 때가 아주 많은 것 같다.

    b. 흔히들 하는 말일 뿐이라고 생각한다.

    c. 동의하지 않는다. 원하는 게 있으면 쟁취해야 한다.

22 승진 경쟁이 치열한 직장에서 일할 수 있겠는가?

    a. 물론이다. 문제 될 게 없다.

    b. 내가 그런 데서 일한다면 몇 사람은 생각보다 빨리 죽은 목숨이 될 것이다!

    c. 근무는 할 수 있겠지만 매우 힘들 것 같다.

23 다음 주말에 전국으로 방영되는 텔레비전 프로그램에 나오는 큰 영예를 안게 될 예정이다. 어떤 느낌이 들 것 같은가?

    a. 기다릴 수 없을 것 같다!

    b. 그렇게만 된다면 근사할 것 같다.

    c. 약간 긴장되겠지만 대체로 괜찮을 것 같다.

24 운동 경기를 관람하러 가고 싶지만 그 전에 먼저 집안일을 처리해야 한다. 어떻게 하겠는가?

a. 집안일은 잊어버리고 몰래 집을 빠져나간다.

b. 양심적으로 집안일부터 처리한다.

c. 가능한 한 빨리 집안일을 처리하고 경기를 보러 간다.

25 먼 친척에게서 막대한 돈을 상속받을 예정이다. 어떻게 하겠는가?

a. 거기에 대해선 잊고 지낸다. 어쌨는 돈은 오게 되어 있으므로.

b. 기대에 부풀어 틈틈이 그 생각을 한다.

c. 친척이 어서 상속해주기를 바란다. 어쨌든 달리 가까운 친척도 없는 것 같은데…….

만족을 유보할 수 있는 능력 테스트 채점표 : 311쪽

TEST 7
결단력 테스트

천재가 되려면 셀 수 없이 많은 역경과 마주쳤을 때 극복할 수 있는 상당한 결단력이 필요하다. 이번 테스트로 여러분이 역경을 얼마나 잘 이겨낼 수 있을지 알아보자.

01 '불가능하다'를 답으로 고를 때가 있는가?

    a. 할 수만 있다면 그러지 않으려고 노력한다.

    b. 그렇다. 패배를 인정할 수밖에 없을 때가 많다.

    c. 그러고 싶지 않지만 어쩔 수 없을 때가 더러 있다.

02 자신의 삶이 어디로 가고 있는지 명확하게 알고 있는가?

    a. 물론이다. 늘 거기에 대해 생각한다.

    b. 아니다. 그 문제에 대해선 별로 생각하지 않는다.

    c. 그렇다고 생각한다.

03 야망을 늘 실현하는가?

    a. 가끔만 그렇다.

    b. 그렇다. 한 번도 실패한 적이 없다.

    c. 아니다. 대체로 엉망진창이다.

04 자신이 처한 문제를 잘 해결하는 편인가?

    a. 그렇다. 늘 해결책이 나온다.

    b. 대체로 그런 편이다.

    c. 풀지 못하는 문제도 더러 있다.

05 삶을 포기하고 싶었던 적이 있는가?

    a. 한 번도 없다.

    b. 더러 상황이 너무 힘에 부칠 때가 있다.

    c. 있다. 대부분 그런 생각을 한다.

06 누군가가 자신이 원하는 것을 가로챈 적이 있는가?

    a. 가끔 있다.

    b. 없다. 그런 일은 생각해본 적도 없다.

    c. 내게 늘 일어나는 일이다.

07 비난을 받으면 움츠러드는가?

    a. 전혀 아니다.

    b. 가끔은 그렇다.

    c. 그렇다. 그 때문에 의욕을 잃을 때가 많다.

08 야심만만한가?

    a. 전혀 그렇지 않다.

    b. 가끔은 그렇다.

    c. 그렇다. 야망은 내 인생에서 아주 중요하다.

09 자신이 무엇을 이루고 싶어하는지 분명히 알고 있는가?

    a. 꼭 그렇지만은 않다.

    b. 더러 알고는 있지만 계속 생각을 바꾼다.

    c. 그렇다. 확실히 알고 있다.

10 진짜 하고 싶은 일에 자금을 대기 위해 힘든 일도 마다하지 않을 자신이 있는가?

    a. 없다. 그런 일은 할 수 없을 것 같다.

    b. 물론이다.

    c. 할 수는 있겠지만 좋아하지는 않을 것 같다.

11 조롱을 기꺼이 감내하는가?

    a. 그렇다. 나는 인내심이 매우 강하다.

    b. 때로는 참지만 일반적으로는 그렇지 못하다.

    c. 아니다. 사람들에게 거세게 항의한다.

12 다른 사람들의 문제보다 자신의 일을 훨씬 중요하게 여기는가?

    a. 아니다. 그러면 오만하게 보일 것 같다.

    h. 가끔은 그렇다.

    c. 당연히 그래야 하는 것 아닌가.

13 하고 있는 일을 포기하고 좀더 쉬운 일을 했으면 좋겠다고 생각한 적 있는가?

    a. 그런 적이 있을지도 모른다.

    b. 있다. 늘 그런 생각을 한다.

    c. 그러느니 차라리 죽겠다.

14 심각한 병에 걸렸어도 일을 끝내기 위해 계속 씨름하겠는가?

    a. 그렇다. 내 목숨이 다할 때까지 노력한다.

b. 아니다. 가족과 함께 남은 시간을 보내겠다.

c. 그럴지도 모르지만 다른 요인들에 달려 있다.

15 가족과 친구들이 여러분이 일하는 곳에 오게 내버려두는 편인가?

a. 어떤 상황에서도 그런 일은 절대 없다.

b. 어느 정도는 그런 편이다.

c. 그렇다. 나는 매우 가정적인 사람이다.

16 하고 있는 일을 마무리하기 위해 개인적인 희생을 불사하겠는가?

a. 아니다. 그럴 마음 없다.

b. 그렇다. 하지만 한계가 있어야 한다.

c. 무슨 희생이든 치를 용의가 있다.

17 개인적인 안락을 중요시하는가?

a. 아니다. 그런 문제는 추호도 생각해본 적이 없다.

b. 그렇다. 일을 잘하려면 편안해야 한다.

c. 대개는 편안한 쪽을 선호하지만 필요하다면 참을 수 있다.

18 일의 진척을 위해 기꺼이 잠을 포기할 수 있는가?

    a. 아니다. 그럴 수 없다.

    b. 그럴 수 있다. 그 정도쯤이야 사소한 희생에 불과하다.

    c. 그럴 수는 있겠지만 길게 이어지면 곤란하다.

19 1부터 10까지 점수를 매긴다고 가정했을 때 자신을 어느 정
도나 몰아붙이는 편인가? (1=너그럽게, 10=가차없이.)

    a. 1~3   b. 4~6   c. 7~10

20 다른 사람들이 여러분을 결단력 있는 사람이라고 여길 것 같
은가?

    a. 물론이다.   b. 어쩌면   c. 아마 아닐 것 같다.

21 깨어 있는 시간의 대부분을 일에 매달리는가?

    a. 그렇다. 다른 건 거의 생각하지 못한다.

    b. 일을 많이 하긴 하지만 내내 일하지는 않는다.

    c. 아니다. 사실 그렇게 많이 일하는 편이 아니다.

22 1부터 10까지 점수를 매긴다고 가정했을 때 일은 여러분에

게 얼마나 중요한가? (1=그다지 중요하지 않다, 10=거의 숨쉬는 것만큼 중요하다.)

    a. 1~3   b. 4~6   c. 7~10

23 삶의 작은 시련에도 유난을 떠는가?

    a. 그렇다. 나를 미치게 한다.

    b. 때로 무척 화가 난다.

    c. 아니다. 그렇게 심하게 걱정하지 않는다.

24 사람들에게 인정받고 싶은가?

    a. 물론 아니다.

    b. 대개는 그렇다.

    c. 가끔 필요할 때가 있다.

25 다른 사람들의 문제가 자신의 귀중한 시간을 빼앗아간다고 생각하는가?

    a. 그렇다. 그래서 화가 난다.

    b. 아니다. 그런 생각은 해본 적이 없다.

    c. 바쁠 때는 정말 짜증난다.

결단력 테스트 채점표 : 312쪽

TEST 8
열정 테스트

천재가 되려면 열정이 아주 높아야 한다. 열의가 없으면 정신적으로 높은 수준의 성취를 기대할 수 없다. 다음 테스트는 열정의 정도를 알아보는 데 목적이 있다. 이 주제에 대해서는 넓은 시각이 필요하다. 어쨌든 열정은 차이를 만들어내는 삶의 태도이기 때문이다.

01 하루하루를 기대감을 가지고 맞이하는가?

    a. 그렇다.

    b. 아니다. 일어나는 순간부터 지옥처럼 느껴진다.

    c. 그날그날에 달려 있다.

02 아직도 도전이 나타나기를 기대하는가?

    a. 아니다. 도전 같은 거 받지 않고 편하게 지내고 싶다.

    b. 도전이 나타나면 맞붙을 것이다.

    c. 그렇다. 나는 도전이 좋다.

03 문제를 두려워하는가, 아니면 도전으로 바라보는가?

    a. 문제는 곧 도전이다.

    b. 문제는 문제일 뿐이다.

    c. 무슨 말인지 알지만 문제가 생기는 것조차 끔찍하다.

04 "인생은 엿 같고, 실컷 고생하다 죽는다." 이 말을 어떻게 생각하는가?

    a. 패배주의자의 말이다.

    b. 인생을 요약하자면 그렇다.

    c. 아무리 힘든 일이 있어도 그렇게까지 나쁘게 생각하진 않는다.

05 자신을 내던질 새로운 일을 끊임없이 찾는가?

    a. 아니다. 지금 하고 있는 일만 해도 충분히 골치가 아프다.

    b. 그렇다. 합리적인 수준에서 새로운 일을 계속 찾는다.

    c. 물론이다! 하루 24시간이 부족할 뿐이다.

06 자신의 일을 사랑하는가?

    a. 그렇다. 일은 내 인생에서 가장 중요하다.

    b. 아니다. 일을 싫어한다.

    c. '사랑한다'는 너무 강한 표현 같고, '좋아한다'는 표현이 더 적당하

다고 생각한다.

07 새로운 개념을 이해하면 흥분되는가?

　　a. 전혀 아니다.

　　b. 가끔 그렇다.

　　c. 그럴 경우 정말 신난다.

08 열정을 발휘하며 최선을 다하는가?

　　a. 열정 없이는 단 하루도 살 수 없다.

　　b. 열정은 좋은 것 같다.

　　c. 아무리 마음을 다잡아도 열정이 생기지 않는다.

09 열정을 불러일으키지 못할 것 같은 일도 사람들을 다독여 하게 하는 편인가?

　　a. 그렇다. 그게 나의 일이다. 분위기가 아무리 침체되어 있어도 끌어 올릴 자신 있다.

　　b. 아니다. 나는 사람들의 기분만 더 나쁘게 할 뿐이다.

　　c. 그렇다. 나도 더러 열정적일 수 있다.

10 단지 그 일이 좋다는 이유 때문에 부업을 할 의향이 있는가?

    a. 아니다. 이미 할 일이 많다.

    b. 어쩌면 할 수도 있다.

    c. 물론이다. 나는 일을 즐긴다고 말하지 않았던가!

11 삶을 충실하게 채우며 산다고 느끼는가?

    a. 그것이 나의 인생관이다.

    b. 아니다. 그러기엔 너무 여유가 없다.

    c. 그렇게 느끼려고 노력하지만 더러 힘들 때도 있다.

12 때로 기력이 딸리는가?

    a. 그렇다. 다들 그렇지 않나?

    b. 그렇게 자주는 아니다.

    c. 아니다. 내가 왜?

13 일이 너무 지루하다고 느낀 적이 있는가?

    a. 더러 있다.

    b. 그렇다. 내가 느끼는 게 바로 그거다.

    c. 물론 아니다.

14 자리를 고수하려면 더 빨리 달려야 한다는 느낌을 더러 받는가?

   a. 아니다. 그렇게 느껴본 적 없다.

   b. 그렇다. 더러 그런 것 같다.

   c. 그렇다. 매일매일 더욱 그런 것 같다.

15 상황이 힘들 때 사람들이 여러분에게 격려를 기대하는가?

   a. 종종 그렇다.

   b. 아니다. 만약 그렇다면 엉뚱한 곳에다 기대를 하는 셈이다.

   c. 나의 장점 가운데 하나가 바로 그것이다.

16 "인생은 그저 즐기는 것이다." 이 말을 어떻게 생각하는가?

   a. 어리석게 들릴지도 모르지만 사실이다.

   b. 말도 안 되는 소리다.

   c. 때로는 그럴 수도 있겠지만 늘은 아니다.

17 언제나 전력을 다하고 있다고 느끼는가?

   a. 아니다.

   b. 늘 그렇다.

   c. 대개는 그렇다.

18 쉽게 낙담하는 편인가?

a. 천만의 말씀

b. 때로 그런 것 같다.

c. 그렇다. 쉽게 낙담한다.

19 역경 속에서도 늘 희망을 찾는가?

a. 아니다. 그럴 엄두조차 내지 못한다.

b. 그런 편이다.

c. 물론이다.

20 자신의 삶에 만족하는가?

a. 대체로 그런 것 같다.

b. 그렇다. 나는 내 삶을 사랑한다.

c. 아니다. 솔직히 다른 사람의 삶을 살았으면 좋겠다.

21 팀 동료들에게 열정을 불어넣을 수 있는가?

a. 그럴 수 있을 것 같다.

b. 물론이다.

c. 그들이 내게 열정을 불어넣어 주기를 기다리는 게 차라리 나을 듯
하다.

22 때로 사람들에게 흥을 깨는 사람으로 비치는가?

    a. 절대 아니다.

    b. 대개는 그렇지 않다. 기분이 처질 때에 한해서만 그렇다.

    c. 그렇다. 하지만 굳이 그런 식으로 대놓고 말하지 않아도 된다.

23 사람들이 억지로 여러분의 열정을 끌어 올려야 하는가?

    a. 늘 그렇다.

    b. 아니다. 오히려 그 반대다.

    c. 더러 그렇다.

24 심각한 문제에 봉착하고도 열정을 불사를 수 있는가?

    a. 매일 그렇다.

    b. 노력하면 그럴 수 있을 것 같다.

    c. 아니다. 차라리 포기하고 만다.

25 스스로를 열정적인 사람이라고 생각하는가?

    a. 당연하다. 단지 더 좋은 말이 생각나지 않을 뿐이다.

    b. 그렇다. 그러기를 바란다.

    c. 아니다. 그리고 그런 점에서는 다른 사람도 마찬가지일 것 같다.

열정 테스트 채점표 : 313쪽

TEST 9
집단 의존도 테스트

천재는 괴팍한 개인주의자이기가 쉽다. 간단히 말해 천재는 대부분의 사람들은 보지 못하는 것을 보고 이해하기 때문에 그럴 수밖에 없다. 따라서 이 테스트는 그런 성향을 알아보는 데 목적이 있다. 혼자서도 일을 잘하는 편인가, 아니면 친구, 가족, 동료들이 격려해주는 게 더 좋은가? 어느 쪽인지 알아보자.

01 파티에 참석하길 좋아하는가?

    a. 아니다. 차라리 책을 읽겠다.

    b. 나를 말려 달라!

    c. 그렇다. 하지만 그렇게 자주는 아니다.

02 황야로 혼자 떠나는 여행을 고려해본 적이 있는가?

    a. 아니다. 생각만 해도 끔찍하다.

    b. 안 될 것도 없겠지만 왠지 불안할 것 같다.

    c. 그렇다. 즐거울 것 같다.

03 자신감을 끌어 올리는 데 가족의 격려가 필요한가?

　a. 다들 그렇지 않나?

　b. 아니다. 가족을 사랑하긴 하지만 내 자신감은 나의 것이다.

　c. 어느 정도는 그렇지만 필요할 경우 나 혼자 감당할 수 있다.

04 다른 사람들이 자신을 어떻게 생각하는지 염려가 되는가?

　a. 물론이다.

　b. 글쎄, 다들 어느 정도는 그렇지 않나.

　c. 그런 생각은 해본 직도 없다.

05 출근하는 이유가 더러는 사람들과 어울리기 위해서인가?

　a. 그렇다. 나는 일의 사회적인 측면을 즐긴다.

　b. 사무실 동료들과 가끔씩 갖는 회식 자리가 나는 좋다.

　c. 사람들과 어울리는 자리는 무조건 피하고 본다.

06 집에서 혼자 일할 의향이 있는가?

　a. 물론 그렇다.

　b. 필요하다면 그럴 수도 있다.

　c. 아니다. 그러면 미쳐버릴 것 같다.

07 사람들과 함께 있는 게 좋은가?

    a. 그렇다. 사실 그 편이 더 좋다.

    b. 혼자 있어도 상관없다.

    c. 혼자 있으면 곧 무료해진다.

08 대규모 대중 집회를 좋아하는가?

    a. 웬만하면 피하고 싶다.

    b. 대체로 상관없다.

    c. 좋아한다.

09 팀 게임을 즐기는가?

    a. 사족을 못 쓴다.

    b. 개의치 않는다.

    c. 차라리 이를 뽑겠다!

10 로빈슨 크루소처럼 살 수 있겠는가?

    a. 물론이다. 딱 내 취향이다.

    b. 미치고 말 것이다.

    c. 1~2주 정도는 괜찮을 것 같다.

11 선택할 수 있다면 다음 중 어떤 일을 하고 싶은가?

    a. 북적이는 파티에 참석한다.

    b. 집에서 정말 근사한 저녁 시간을 보낸다.

    c. 친구들과 함께 밖에 나가서 저녁을 먹는다.

12 다른 사람들 앞에 나가면 주눅이 드는가?

    a. 아니다. 나는 사람들과 어울리는 게 좋다.

    b. 꼭 그렇지는 않지만 혼자 있는 시간도 즐긴다.

    c. 그렇다. 사람들과 함께 있는 게 죽기보다도 싫다.

13 사람들 사이에서 외톨이로 통하는가?

    a. 내가? 지나가는 소가 웃겠다!

    b. 딱히 그렇지는 않다.

    c. 그런 것 같다. 그래서 뭐가 잘못되기라도 했단 말인가?

14 결정을 내릴 때 동료들에게 의견을 구하는 편인가?

    a. 결정은 내가 한다.

    b. 동료들의 충고를 늘 높이 사는 편이다.

    c. 필요하다고 생각되면 의견을 묻기도 한다.

15 쇼핑을 좋아하는가?

    a. 물론이다! 기분 전환이 된다!

    b. 시간 여유가 있을 때는 즐기는 편이다.

    c. 발길질을 하고 비명을 지르면서 억지로 끌려간다.

16 도시에서 살고 싶은가, 아니면 조그만 시골 마을에서 살고 싶은가?

    a. 시골 생활의 평화로움이 좋다.

    b. 둘 다 상관없다. 어떤 집이냐에 따라 달라질 것 같다.

    c. 시골에서는 못 살 것 같다. 나는 도시 체질이다.

17 여론 조사 결과에 주목하는가?

    a. 깡그리 무시해버린다!

    b. 그렇다. 종종 고려에 넣는다.

    c. 때로는 그렇지만 나 스스로 결정을 내리는 편이다.

18 혼자 지내본 적이 있는가?

    a. 없다. 나는 사람들과 어울리는 걸 좋아한다.

    b. 있다. 그것도 아주 많이.

    c. 없다. 혼자 오래 지내본 적이 없다.

19 사람들과 접촉하는 측면에서 볼 때 다음 중 어떤 직업이 자신에게 가장 적합할 것 같은가?

a. 코미디언   b. 사무직 근로자   c. 컴퓨터 프로그래머

20 사교 모임에 나가는 횟수는 얼마나 되나?

a. 일주일에 몇 차례   b. 한 달에 몇 차례

c. 거의 나가지 않는다.

21 친구들과 어울리는 횟수는 얼마나 되나?

a. 한 달에 몇 차례   b. 항상   c. 친구는 무슨.

22 혼자 있으면 풀이 죽거나 불안한가?

a. 그렇다. 신경이 아주 날카로워진다.   b. 천만에   c. 약간

23 우주 비행사 두 명하고만 1년 동안 우주 정거장에서 일할 수 있겠는가?

a. 재미있을 것 같다.

b. 아니다. 그렇게 고립된 상황에서는 제대로 적응하지 못할 것 같다.

c. 고려는 해보겠지만 아마 가지 않을 것 같다.

24 근사한 집이 싼값에 매물로 나와 있다. 그런데 외따로 떨어져 있다. 구입하겠는가?

a. 가격은 개의치 않는다. 나는 외진 곳은 싫다.

b. 가격은 개의치 않는다. 어쨌든 그런 곳에서 살고 싶다.

c. 생각해보겠다.

25 다른 사람에게 말을 걸지 않고 가장 오래 지냈던 기간은 얼마나 되는가?

a. 며칠, 몇 주. 기억이 잘 나지 않는다.

b. 몇 시간. 그 시간이 얼마나 끔찍했던지 아직도 기억이 생생하다.

c. 이틀. 다시 사람을 만나 반가웠다.

집단 의존도 테스트 채점표 : 314쪽

TEST 10
영감 테스트

천재에게는 영감이 필요하다. 번득이는 아이디어는 어딘가에서 나오게 되어 있다. 여러분은 쉽게 영감이 떠오르는 편인가, 아니면 새로운 개념을 제시할 때마다 머리를 싸매고 씨름하는 편인가? 이번 테스트는 영감이 얼마나 잘 떠오르는지를 알아보는 데 목적이 있다.

01 일을 할 때 '위로(예를 들어 신에게)'부터 영감을 받는다고 느끼는가?

　　a. 물론이다.

　　b. 전혀 아니다.

　　c. 어쩌면 그럴지도. 이 점에 대해 심각하게 생각해본 적 없다.

02 꿈을 꾸면서 새로운 아이디어를 얻는가?

　　a. 그런 적 없다.

　　b. 가끔 있다.

c. 매우 자주 있다.

03 낮이든 밤이든 뜻하지 않은 순간에 소중한 개념이 갑자기 펑하고 떠오른 적이 있는가?

a. 자주 그런 편이다.

b. 가끔 그런 일이 일어나기도 한다.

c. 없다. 나와는 상관없는 이야기다.

04 감동적인 음악을 들을 경우 아이디어가 저절로 떠오르는가?

a. 꼭 그렇진 않다.

b. 그렇다. 음악은 영감의 원천이다.

c. 그럴지도 모르겠다.

05 다른 천재의 작품이 영감이 떠오르는 데 도움이 되는가?

a. 물론이다.

b. 가끔 그렇다.

c. 아니다. 아직 그런 작품을 접하지 못했다.

06 아이디어를 떠올리기 위해 힘들게 노력해야 하는가?

　a. 그렇다. 그러는 수밖에 없다.

　b. 아니다. 쉽게 떠오른다.

　c. 더러 운이 좋을 때도 있지만 애써 노력해야 할 때가 더 많다.

07 완전히 손을 놓은 채 몇 시간씩 빈 종이(또는 텅 빈 컴퓨터 화면)만 뚫어지게 쳐다보는가?

　a. 다행히 아니다.

　b. 대부문의 사람들처럼 나 역시 가끔 그런 적이 있다.

　c. 늘 그렇다.

08 '사고 모드'로 들어가기 위해 일정하게 치르는 의식이 있는가?

　a. 그렇다. 도움이 된다.

　b. 아무것도 도움이 되지 않는다. 아이디어가 저절로 떠오를 때까지 그저 멍하니 기다린다.

　c. 의식 따위는 필요하지 않다. 아이디어가 그냥 자연스레 떠오른다.

09 새로운 아이디어를 얻으려면 적절한 환경이 조성되어야 하는가?

    a. 아니다. 특별한 환경이 아니어도 상관없다.

    b. 그렇다. 적절한 환경이 도움이 된다.

    c. 내게 '적절한' 환경이란 없다. 어떤 환경에서도 힘이 드는 건 마찬가지다.

10 아이디어가 전혀 떠오르지 않을 때 이른바 '작가의 슬럼프'라는 데 빠진 적이 있는가?

    a. 종종 있다.   b. 가끔 있다.   c. 한 번도 없다.

11 아이디어가 너무 빨리 떠올라 그 흐름과 보조를 맞추기 위해 밤을 새며 일해야 했던 적이 있는가?

    a. 불행히도 없다.   b. 아주 가끔 있다.   c. 자주 있다.

12 창의적인 생각이 계속 흘러나오게 하기 위해 예를 들어 명상이나 요가 같은 특별한 기술을 사용하는가?

    a. 흘러나오는 게 아니라 찔금찔금 스며나온다. 그것도 아주 천천히! 그런 기술은 전혀 도움이 되지 않는다.

    b. 별다른 추가 도움 없이도 아주 잘 흘러나온다.

c. 그렇다. 도움이 되는 기술이 몇 가지 있다.

13 어느 날 갑자기 창의성이 완전히 말라버릴지도 모른다는 두려움을 느끼는가?

a. 가끔 그렇다.

b. 그런 일은 상상할 수도 없다.

c. 이미 그런 일이 일어났을지도 모른다.

14 영감을 얻기 위해 때로 다른 사람들에게 기대기도 하는가?

a. 때로는 다른 사람들이 도움이 되기도 한다.

b. 다른 사람의 도움은 전혀 필요치 않다.

c. 솔직히 다른 사람이 도울 수 있는 일은 거의 없다.

15 예를 들면 배우자라든지, 여러분에게 영감을 주는 사람이 따로 있는가?

a. 그렇다.

b. 누누이 얘기했듯이 나는 도움이 필요 없다.

c. 그래도 여전히 힘들다.

16 혼자 갇혀 있다면 영감이 멈출 것 같은가?

    a. 그 어떤 것도 나의 영감을 멈추지 못한다.

    b. 물론이다.

    c. 굳이 혼자 갇히는 쪽을 택하지 않아도 나의 영감은 이미 저절로
       멈춘 상태다.

17 건강 상태가 영감의 양과 관계가 있는가?

    a. 그렇다. 하지만 나에게 부족한 건 건강이 아니라 영감이다.

    b. 그렇다. 영감이 나를 지탱해주는 것 같다.

    c. 나는 늘 영감이 넘쳐난다. 덕분에 기분도 늘 상쾌하다!

18 어느 위대한 조각가가 자신의 작품은 이미 존재하고 있었으
며 자신은 여분의 돌을 깎아내기만 할 뿐이라고 말했다. 자
신의 일에 대해 이와 동일한 느낌을 받은 적이 있는가?

    a. 늘 그렇다.

    b. 계속 깎아내고 있긴 하지만 아무 성과가 없다.

    c. 무슨 말인지는 알지만 그런 느낌이 내게는 쉽게 다가오지 않는다.

19 만약 영감이 말라버려도 계속 살아갈 수 있겠는가?

    a. 아니다. 그러면 내 인생도 끝이다.

b. 어떻게든 싸울 것이다.

c. 그럭저럭 살아갈 수 있을 것 같다.

20 지금까지 살아오면서 정신적으로 획기적인 돌파구를 마련했다고 느낀 적이 한순간이라도 있는가?

a. 있다.

b. 한 번도 없다.

c. 작은 승리들은 셀 수 없이 많다.

21 다른 사람들이 여러분에게 영감을 기대는 편인가?

a. 그래봐야 헛수고일 뿐이다.

b. 그렇다. 가끔 덕분에 영감이 떠올랐다며 인사치레를 많이 받는다.

c. 물론이다. 항상 그렇다.

22 에디슨은 "천재는 1%의 영감과 99%의 노력이 만들어낸다."고 말했다. 이 말을 어떻게 생각하는가?

a. 바로 내가 그렇다.

b. 에디슨은 재능이 없기 때문에 노력했을 뿐이다.

c. 어느 정도는 맞는 말이라고 생각한다.

23 영감이 여러분의 삶에서 중심을 차지하는가?

a. 불행히도 아니다.

b. 그렇게 생각하고 싶다.

c. 절대적으로 그렇다.

24 위대한 예술이나 과학을 접하면 고무가 되는가?

a. 그렇다. 하지만 외부의 도움은 필요치 않다.

b. 확실히 그렇다.

c. 아니다. 흥미롭긴 하지만 나만의 아이디어를 제시하려면 열심히 노력해야 한다.

25 정말 거대한 아이디어를 끊임없이 추구하는가?

a. 그렇긴 하지만 성과가 없다.

b. 그렇다. 언젠가 그런 아이디어가 떠오르길 바라면서 끊임없이 생각한다.

c. 아니다. 나는 이미 그런 아이디어를 얻었다.

영감 테스트 채점표 : 315쪽

TEST 11
강박증 테스트

대부분의 사람들에게 강박증이 있다는 것은 그다지 매력적인 특징으로 간주되지 않는다. 정신적으로 약간 문제가 있다는 의미로 해석되기 때문이다. 강박증이 있는 사람은 균형 감각이 부족할 뿐만 아니라 아무런 도움도 되지 않는 개념에 온통 정신을 빼앗긴다. 하지만 천재들은 모두 강박증이 심하다. 강박증이 없다면 천재에게 요구되는 수준에 절대 도달하지 못할 것이다. 이번 테스트를 통해 여러분의 강박증세가 어느 정도인지 알아보자.

01 차를 놔둔 장소를 시도 때도 없이 계속 확인한다.

   a. 늘 그렇다.

   b. 가끔 그렇다.

   c. 아니다, 차문이 제대로 잠긴 것을 확인한 이상 더는 신경 쓰지 않는다.

02 일을 끊임없이 검토하면서 혹시 실수는 없는지 살핀다.

   a. 아니다. 얼른 확인한 다음 더는 보지 않는다.

b. 바로 내가 그렇다. 아무리 확인해도 마음이 놓이지 않는다.

c. 몇 차례 확인하긴 하지만 결국 내버려두고 만다.

03 내 일을 다른 사람에게 검토하게 할 때면 몇 번을 생각하고 또 생각한다.

a. 아니다. 내게 그건 아무 문제도 안 된다.

b. 그렇다. 다른 사람에게 내 일을 검토하게 맡겨야 한다는 것 자체가 싫다.

c. 무슨 말인지는 알겠지만 크게 문제 될 것은 없다.

04 아무리 생각하지 않으려고 애써도 그 생각에서 벗어나지 못할 때가 더러 있다.

a. 아니다. 그런 적 없다.

b. 자주는 아니지만 어쩌다 있다.

c. 그런 적이 많다.

05 다른 것에 비해 특히 더 중요하게 여기는 생각이 있다.

a. 물론이다. 다들 그렇지 않나?

b. 아니다. 그런 생각은 전혀없다.

c. 어떤 생각은 매우 중요해 보이지만 내가 틀릴 수도 있다.

06 하고 있는 일에 너무 푹 빠진 나머지 밥 먹는 것도 잊어버린 적이 더러 있다.

    a. 그런 일은 여태껏 한 번도 없다.

    b. 아주 가끔 있다.

    c. 끼니를 거르는 일은 다반사다.

07 의도하지도 않았는데 알고 보니 밤을 꼴딱 새웠을 만큼 무언가에 몰두한 적이 있다.

    a. 있다. 잠자는 것을 잊어버릴 때가 많다.

    b. 없다. 나는 취침 시간이 늘 일정하다.

    c. 가끔 그러기도 한다.

08 뚜렷한 이유 없이 꼭 해야만 하는 일이 있다.

    a. 그렇다. 나 역시 난감하지만 어쩔 수가 없다.

    b. 아니다. 그런 일은 없다.

    c. 그런 경험이 있긴 하지만 자주는 아니다.

09 다른 일은 모두 팽개치고 한 가지 생각에만 골몰한 적이 있다.

    a. 없는 것 같다.   b. 가끔 있다.   c. 늘 그렇다.

10 하고 있는 일에 너무 몰두한 나머지 주변이 어떻게 돌아가는지 까맣게 모를 때가 더러 있다.

a. 늘 그렇다.

b. 없다. 나와는 거리가 먼 얘기다.

c. 가끔 그런 적 있다.

11 남들이 방향을 잘못 잡았다고 아무리 설득해도 계속 그 생각을 고수한다.

a. 그렇다. 일단 시작하면 아무것도 나를 멈추지 못한다.

b. 가끔 그러기도 한다.

c. 나와는 상관없는 얘기다.

12 사람들에게 강박증이 있는 것 같다는 소리를 들은 적이 있다.

a. 그런 얘기는 들어본 적 없다.   b. 들어본 적 있다.

c. 늘 듣는 얘기다.

13 아무 이득이 없다는 게 분명한데도 붙들고 놓지 못하는 사안이 있다.

a. 없다. 나는 멈춰야 하는 시점을 잘 아는 편이다.

b. 그런 적이 있긴 하다.

c. 늘 그렇다.

14 인생 전체를 지배하는 사안이 있다.

a. 물론이다.

b. 전혀 없다.

c. 있다. 하지만 필요할 경우 멈출 수 있다.

15 중요하다고 생각되는 문제가 있으면 거기서 벗어나기가 어렵다.

a. 그렇다. 성격상 벗어날 수가 없다.

b. 벗어나는 데 대체로 아무 문제가 없다.

c. 전혀 문제될 게 없다.

16 이미 끝낸 일을 자신도 모르게 확인하고 또 확인한다.

a. 어쩔 수 없이 그렇게 된다.

b. 더러 그러기도 하지만 대개는 스스로를 제어할 수 있다.

c. 그런 유혹을 받아본 적이 한 번도 없다.

17 1부터 10까지 점수를 매긴다고 가정했을 때 자신의 강박증

은 어느 정도라고 생각하는가?

(1=아주 느긋한 상태, 10=완전한 강박증 상태)

　a. 1~3　　　　b. 4~6　　　　c. 7~10

18 한 가지 생각에 몰두하는 경향 때문에 주변 사람들이 짜증을
낸다.

　a. 그렇다. 정도가 심하다.

　b. 아니다. 그렇게 생각하지 않는다.

　c. 가끔 그렇다.

19 강박증세 때문에 병원 치료를 받은 적이 있다.

　a. 있다.　　　b. 없다.　　　　c. 오래 전 얘기다.

20 강박증이 삶에 결정적으로 영향을 미친 적이 있다.

　a. 없다.　　　b. 불행히도 있다.　　　c. 한두 번 있다.

21 관심이 끌리는 사안에 약간만 덜 몰두했으면 하고 바란 적이
있다.

　a. 자주 있다.　　　b. 한 번도 없다.　　　c. 가끔 있다.

22 일을 하면서 이 정도면 충분히 할 만큼 했다고 스스로 만족한 적이 있다.

a. 한 번도 없다.　　　b. 결국은 만족한다.　　　c. 물론이다.

23 생각을 비우기가 거의 불가능하다.

a. 그렇다.　　　b. 아니다.　　　c. 때로는 그렇다.

24 강박증 때문에 사람들과 관계가 단절된 적이 있나.

a. 있다. 자꾸 그런 일이 일어나서 두렵다.

b. 없다. 그런 불행은 한 번도 겪지 못했다.

c. 있다. 하지만 자주는 아니다.

25 외골수 같은 성격이 큰 자산이라고 생각한다.

a. 그렇다. 말할 수 없이 소중하다고 생각한다.

b. 아니다. 그런 미덕은 내게 없다.

c. 상당히 도움이 되긴 하지만 나는 무언가를 고집스럽게 파고드는 성격이 아니다.

강박증 테스트 채점표 : 316쪽

TEST 12
자아상 테스트

천재의 가능성을 고려할 때 잠시 스스로의 자아상에 대해 생각해 보는 것도 좋을 듯싶다. 다음 테스트는 여러분 스스로 자아상을 파악하게 하는 데 목적이 있다. 각각의 문항은 스스로에 대해 어떤 느낌을 가지고 있는지, 특히 스스로 천재의 가능성이 있다고 생각하는지의 여부를 알아보는 데 구체적으로 도움이 될 것이다.

01 어떤 식으로든 '선택받았다'고 생각한다.

    a. 그렇다. 나한테는 뭔가 특별한 구석이 있다고 생각한다.

    b. 전혀 그렇지 않다.

    c. 사람들이 생각하는 것보다 나한테는 뭔가 더 많은 게 있다고 가끔 생각한다.

02 어떤 활동에서도 두각을 나타낸다.

    a. 그렇지 않다.

b. 그렇다. 난 보통 수준 이상의 능력을 가지고 있다.

c. 잘 모르겠다. 아직 내게 맞는 활동을 찾지 못했는지도 모르겠다.

03 명성에 신경이 쓰인다.

a. 거기에 대해 심각하게 생각해본 적 없다.

b. 유명해지고 싶다.

c. 명성 따위 아주 싫어한다.

04 사람들이 특별하다고 인정해준다.

a. 그렇다. 가끔 주목받은 적이 있다.

b. 그렇지 않다.

c. 그렇다. 사람들이 자주 내 능력을 입에 올린다.

05 인생을 완전히 지배하는 관심사가 하나 있다.

a. 있다. 열정을 다해 몰두하는 주제가 하나 있다.

b. 없다. 나는 여러 곳에 관심을 기울이는 편이다.

c. 진지한 관심사가 몇 가지 있다.

06 다른 사람들보다 더 많이 안다고 느낄 때가 더러 있다.

    a. 한 번도 없다. 그런 느낌은 싫은 것 같다.

    b. 있다. 가끔 내가 더 많이 안다고 느낄 때면 조바심이 난다.

    c. 인정하기는 싫지만 거의 늘 그렇게 느끼는 편이다.

07 아이디어에 저절로 끌린다.

    a. 아니다. 아이디어는 나와는 거리가 멀다.

    b. 아이디어를 좋아하긴 하지만 실용성도 중요하게 여긴다.

    c. 아이디어가 그냥 나를 끌어당긴다.

08 추상적인 사고에 능하다.

    a. 그렇다. 늘 추상적으로 생각한다.

    b. 아니다. 그러기엔 내 사고 방식이 너무 실용적이다.

    c. 나쁘지는 않지만 뛰어나진 않다.

09 남몰래 자신이 천재가 아닌지 의심한다.

    a. 그렇다. 하지만 아무한테도 내색하지 않는다.

    b. 그런 생각은 한 번도 해본 적 없다.

    c. 아주 가끔 그럴지도 모른다고 생각한다.

10 죽은 후에도 아무도 자신의 능력을 알아주지 않을까 봐 걱정된다.

    a. 그렇다. 생각만 해도 끔찍하다.

    b. 그런 생각은 한 번도 해본 적 없다.

    c. 그 때문에 많이 고민하진 않는다.

11 사후에 유명해진다는 생각을 하면 온몸이 짜릿하다.

    a. 전혀 아니다. 그게 나에게 무슨 이득이 된단 말인가?

    b. 사람들에게 기억된다는 건 아주 근사한 일일 것 같다.

    c. 그렇다. 사람들이 나를 기억한다면 신날 것 같다.

12 밖에서 밤새 신나게 노는 것과 집에서 공부하는 것 중에서 어느 쪽을 택하겠는가?

    a. 공부를 위해서라면 대부분의 일을 포기하겠다.

    b. 밖에 나가 놀겠다.

    c. 필요하다면 집에 있겠다.

13 자신이 독창적인 사고를 가지고 있다고 생각하는가?

    a. 그렇지 않다.

    b. 그렇다고 확신한다.

c. 잘 모르겠다.

14 사람들이 여러분이 낸 아이디어에 흥미를 보이는가?

a. 아니다.

b. 몇몇 사람에게 그렇다는 소리를 들은 적 있다.

c. 그렇다. 사람들은 늘 내가 하는 말에 열심히 귀 기울인다.

15 사람들이 여러분이 하는 말을 제대로 이해하지 못하는 경우가 더러 있는가?

a. 그렇다. 그래서 여간 성가시지 않다.

b. 아니다. 전혀 문제없다.

c. 그렇다. 가끔 그런 일이 일어나기도 한다.

16 더 많은 일을 해야 한다는 생각에 초조하지는 않은가?

a. 아니다. 나는 지금 상태에 정말 만족한다.

b. 때로 좀더 많은 일을 하고 싶다는 생각을 한다.

c. 그렇다. 나는 내 잠재력을 최대한 끌어 올리고 싶다.

17 대체로 스스로에게 만족하는가?

a. 그렇다. 늘 만족한다.

b. 아니다. 만족하지 못할 때가 많다.

c. 대개 만족한다.

18 인류의 미래에 중요한 기여를 할 것 같은가?

a. 그렇다. 자신 있다.

b. 아니다. 그럴 가능성은 거의 없다.

c. 그러길 바라지만 자신이 없다.

19 역경을 잘 극복하는 편인가?

a. 그렇지 않다.

b. 그렇다. 뭐든 헤쳐 나간다.

c. 상황이 어려울 때는 힘에 부친다.

20 자신의 능력을 굳게 믿는가?

a. 그렇다. 한 번도 나 자신을 의심해본 적이 없다.

b. 대체로 나 자신을 믿는다.

c. 아니다. 나는 자기 회의가 강한 편이다.

21 스스로를 발전시키기 위해 끊임없이 노력하는 편인가?

    a. 늘 그렇다.

    b. 많이 그런 편이다.

    c. 아니다. 스스로를 그렇게까지 들볶고 싶지 않다.

22 새로운 지식에 목말라하는가?

    a. 아니다. 새로 뭘 배우는 걸 싫어하는 편이다.

    b. 그렇다. 새로운 것을 발견하는 데 열정을 쏟는다.

    c. 나의 지식을 발전시키는 데 아주 관심이 많다.

23 자신의 분야에서 최근에 이루어진 성과를 늘 확인하는 편인가?

    a. 물론 그렇다.

    b. 아니다. 그럴 시간이 없다.

    c. 그러려고 노력은 하지만 마음만 앞설 뿐이다.

24 여러분의 전공 분야와 관련해 사람들이 충고를 구하는 편인가?

    a. 자주 그러는 편이다.

    b. 한 번도 그런 일이 없다.

c. 가끔 그런 일이 있다.

25 자신의 지능이 얼마나 되는지 알고 있는가?

a. 그렇다. IQ 테스트를 받았는데 점수가 아주 높다.

b. 그렇다. 나는 내가 매우 똑똑하다고 생각한다.

c. 아니다. 한 번도 알아본 적이 없다.

자아상 테스트 채점표 : 317쪽

TEST 13
비전 테스트

천재가 되려면 비전을 가지고 있어야 한다. 비전을 가지고 있는 가? 큰 그림을 볼 수 있는가? 다른 사람들은 놓치는 가능성을 보는가? 어떤 사안이든 다른 사람들보다 더 깊이 이해할 수 있는가? 이번 테스트를 통해 천재가 되는 데 필요한 비전을 가지고 있는지 확인해보자.

01 다른 사람들이 놓친 것을 이해할 때가 많은가?

    a. 그렇다. 내게는 늘 있는 일이다.

    b. 때로 그런 경험을 한 적이 있다.

    c. 아니다. 그런 적 없다.

02 다른 사람들은 간과하는 미묘한 부분을 볼 수 있는가?

    a. 그렇지 않다.

    b. 그렇다. 그게 바로 나다.

    c. 가끔 그럴 때가 있다.

03 다른 사람들은 이해하지 못하는 생각을 가지고 있는가?

    a. 전혀 없다.

    b. 늘 있다.

    c. 가끔 있다.

04 <u>스스로를 시대를 앞서나가는 사람이라고 여기는가?</u>

    a. 그렇지 않다.

    b. 어느 정도는 그렇다.

    c. 물론이나.

05 사람들이 여러분의 추론을 따라오지 못하기 때문에 답답한 가?

    a. 아니다. 나와는 거리가 먼 얘기다.

    b. 가끔 그렇다.

    c. 그렇다. 바로 내 얘기다.

06 자신이 비전을 갖추었다고 생각하는가?

    a. 물론이다.

    b. 아니다. 그런 생각해본 적 없다.

    c. 나는 지금이 좋다.

07 머릿속에서 늘 번득이는 아이디어가 넘쳐나는가?

    a. 끊임없이 샘솟는다.

    b. 거의 떠오르지 않는다.

    c. 가끔 떠오른다.

08 새로운 개념을 개발하는 경우가 잦은가?

    a. 그런 적 없다.   b. 늘 그렇다.   c. 자주 그렇다.

09 사람들이 여러분이 하는 얘기가 뭔가 새롭고 특별하다고 느끼는 것 같은가?

    a. 그렇다고 생각한다.

    b. 전혀 아니다.

    c. 가끔은 그런 것 같기도 하다.

10 혁신가로 널리 인정을 받는 편인가?

    a. 아니다. 나는 혁신가가 못 된다.

    b. 물론이다.

    c. 가끔은 그럴지도 모른다.

11 자신의 아이디어를 어떤 형태로든 출간한 적이 있는가?

    a. 자주 그렇다.   b. 한두 번 해봤다.   c. 한 번도 없다.

12 생각이 너무 앞서다 보니 사람들에게 오해를 사서 속상했던 적이 있는가?

    a. 나와는 거리가 먼 얘기다.

    b. 그렇다. 그래서 미칠 것 같다.

    c. 가끔 그런 적이 있다.

13 자신의 아이디어가 외국에서도 알려져 있는가?

    a. 전혀 아니다.

    b. 그렇다. 나는 세계적으로 유명하다.

    c. 해외에 알려져 있긴 하지만 몇몇 나라에 불과하다.

14 전 세계적으로 주목받는 개념을 개발해본 적이 있는가?

    a. 한두 번 있다.

    b. 없다.

    c. 있다. 나의 연구는 전 세계적으로 중요하다.

15 그 분야의 최고 전문가들 앞에서 강의해도 될 만큼 자신의 아이디어에 자신이 있는가?

a. 벌써 여러 번 그런 적이 있다.

b. 아니다. 그럴 마음도 없다.

c. 용기를 한참 끌어 올려야 할 것 같다.

16 자신의 아이디어를 누구나 이해할 수 있게 쉬운 말로 풀어 설명할 수 있는가?

a. 그럴 수 있을 것 같다.

b. 나의 아이디어는 너무 복잡해서 보통 사람은 이해하지 못한다.

c. 어쩌면 설명할 수 있을 것도 같지만 어려울 듯싶다.

17 100년 뒤 사람들 입에 자신의 이름이 오르내릴 가능성이 있을 것 같은가?

a. 아니다. 그런 생각은 해본 적 없다.

b. 어쩌면 그럴지도 모른다.

c. 그렇다. 사람들이 수도원에서 살지 않는 한 말이다.

18 자신의 아이디어가 우리의 생활 방식을 혁명적으로 바꾸어 놓을 것이라고 생각하는가?

a. 그러기를 바랄 뿐이다.

b. 그럴 가능성은 희박하다.

c. 그렇게 되지 않는 게 오히려 이상하다.

19 사람들이 이해하지 못하는 여러분의 독특한 사고방식 때문에 놀림을 당한 적이 있는가?

a. 있다. 하지만 개의지 않는다.

b. 그래서 가끔 문제다.

c. 없다.

20 세상을 좀더 나은 방향으로 개선할 사상을 가지고 있다고 생각하는가?

a. 그러기를 바란다.

b. 잘 모르겠다.

c. 거기에 대해선 의심의 여지가 없다.

21 현대 과학이나 수학, 철학에 획기적인 변화를 가져올 개념을 발전시킬 자신이 있는가?

  a. 물론이다.

  b. 어쩌면

  c. 그런 생각은 한 번도 해본 적 없다.

22 예술가로서 예술에 대한 사람들의 생각을 확 바꿀 비전을 내놓을 자신이 있는가?

  a. 있다. 그게 내 필생의 사명이다.

  b. 없다. 나와는 거리가 먼 얘기다.

  c. 그러기를 바라지만 자신 없다.

23 자신에게 천재의 소질이 있다고 생각하는가?

  a. 없는 것 같다.

  b. 그럴 수도 있다고 생각한다.

  c. 스스로에게 매일 그렇게 말한다.

24 생전에 자신의 아이디어가 인정받을 수 있을 것 같은가?

  a. 아마 어려울 듯싶다.

  b. 가능할 수도 있다.

c. 물론이다!

25 응당하게 인정을 받고 있다고 생각하는가?

    a. 전적으로 인정받지는 못했다.

    b. 그렇게 생각한다.

    c. 그렇다. 하지만 미래에는 더 많은 인정을 받게 될 것이다.

비전 테스트 채점표 : 318쪽

Chapter 6

천재 트레이닝

천재 트레이닝은 뇌세포를 활발하게 움직이게 하는 데 초점을 맞췄다. 여기에는 단지 퍼즐만 있는 것이 아니다. 콧대 높은 천재가 퍼즐을 푸는 데 시간을 낭비할 것 같은가? 천만의 말씀. 여기에는 여러분의 정신력을 한계까지 몰아붙일 아주 어려운 문제가 포함되어 있다. 푸는 재미도 쏠쏠하지만 문제를 붙잡고 씨름하는 과정에서 지금까지 접해보지 못한 독특하고 소중한 통찰력을 얻게 될 것이다.

Training 1
교활한 삼각형

소박한 삼각형 퍼즐은 예스러운 맛과 즐거움을 선사한다. 영국멘사 전 회장인 해럴드 게일(Harold Gale)이 처음 개발한 삼각형 퍼즐은 여전히 강세를 띠고 있다. 간단해 보이지만 유치하다 싶을 만큼 쉬운 문제에서부터 잔인할 만큼 어려운 문제에 이르기까지 난이도를 다양하게 조전할 수 있다는 것이 삼각형 퍼즐의 장점이다. 삼각형 퍼즐의 또 다른 특징으로는 막 답을 알아내려는 찰나에 경고도 없이 경로를 바꾸는 능력을 꼽을 수 있다. 기본 퍼즐은 "B에서 A를 뺀 값에 C를 곱한 결과를 삼각형 중앙에 집어넣어라."와 같은 아주 간단한 계산 문제다. 하지만 이처럼 간단한 삼각형 문제도 어떤 경우에는 문제를 푸는 데 엄청난 시간이 걸릴 수도 있다.

삼각형을 이용한 숫자 계산 문제는 그 종류가 셀 수 없이 많다. 삼각형을 따로따로 분리해서 보지 말고 그 사이의 연관 관계를 보아야 한다. 예를 들어 어떤 계산 결과는 바로 그 옆 오른쪽 삼각형 안에 들어 있다. 숫자 계산에 자신감이 붙으면 문자 퍼즐로 바꾸는 것도 좋다. 삼각형 퍼즐에서 문자는 숫자(예를 들어 알파벳 상의 순서를 기준으로 한)를 나타낼 수도 있다.

이런 퍼즐이 두뇌 훈련에 아주 유용한 이유는 정신을 늘 긴장 상태로 유지하는 법을 가르쳐주기 때문이다. 눈앞에 보고 있는 것을 절대로 간과해선 안 된다. 미묘한 부분을 주의해서 살펴야지 자칫 잘못하다가는 스스로의 꾀에 넘어갈 수도 있다. 너무 어렵게 느껴지는가? 하지만 아무나 풀 수 있다면 무슨 재미가 있겠는가.

01

약속하건대 시작은 아주 간단한 문제다. 물음표에 들어갈 숫자는 무엇인가? 몇 초면 풀 수 있을 것이다.

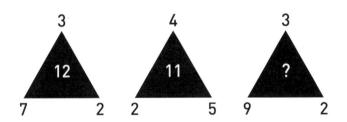

이 문제는 약간 더 어렵다. 원리는 같지만 공식을 찾아내는 데 좀 더 시간이 걸릴 것이다.

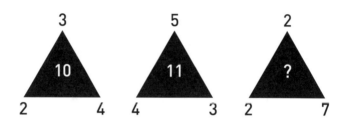

이제 새로운 변형 문제에 도전해보자. 공식은 그야말로 간단하지만 약간의 함정을 파놓았다.

04

이번은 어떤 문제일까? 공식은 여전히 매우 간단하지만 복잡하게 꼬아놓았기 때문에 문제를 풀려면 독창성이 있어야 한다.

05

이번에는 숫자가 문자로 바뀌었다. 물음표에 들어갈 문자는 무엇인가? 걱정할 필요 없으나 주의를 기울여야 한다.

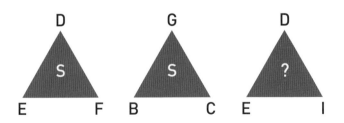

06

이제 요령을 터득했는가? 한 문제 더 풀어보자.

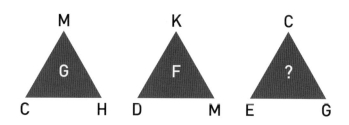

07

여기선 어떤 규칙이 등장할까? 생각할 때는 모든 가능성을 의심
해봐야 한다.

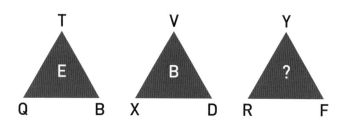

지금쯤 우리가 문자에 무슨 짓을 했는지 짐작했을지도 모르겠지만 공식이 흥미진진하다.

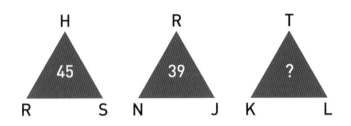

이번에는 뭐지? 여기선 상황을 요리조리 뜯어보는 게 관건이다. 정신이 예전과 똑같은 낡은 철도를 따라 달리게 해선 안 된다!

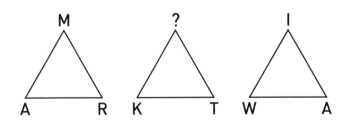

원리를 터득했더라도 눈에 뻔히 보이는 것을 놓칠 수 있다.

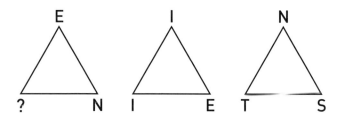

Training 2
미궁의 원

삼각형 퍼즐과 마찬가지로 원으로 만들 수 있는 퍼즐의 종류는
아주 다양하며 갈수록 복잡해진다. 요령은 같다. 무엇이든 당연
하게 여겨서는 안 된다. 정신이 깨어 있어야만 실타래처럼 복잡
하게 엉킨 문제를 풀 수 있다.

11

이번에는 간단한 계산 문제다. 아주 약간 '꼬인 데'가 있긴 하지만
그렇더라도 2~3초 안에 풀 수 있어야 한다.

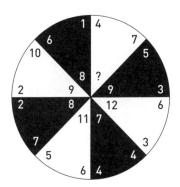

아주 간단한 변형 문제다. 몇 초면 푸는 데 충분할 것이다.

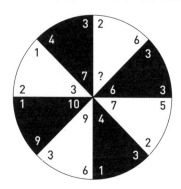

기본 개념은 동일하지만 역시 약간 변화를 주었다.

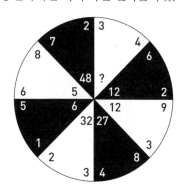

이제 난이도를 조금 높여보자. 계산은 간단하지만 퍼즐을 푸는 열쇠에 해당하는 논리를 찾으려면 꽤 생각해야 한다.

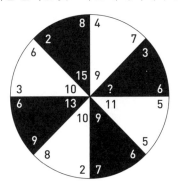

이제 본격적으로 게임을 시작해보자. 이번에도 계산은 다섯 살짜리 꼬마도 할 수 있지만 논리를 추론해내기는 정말 까다롭다.

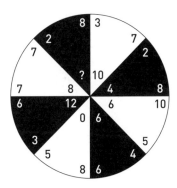

또다시 어려운 변형 문제다. 머리를 숙이고 문제를 풀기에 앞서 잠시 쉬면서 언뜻 아무 악의가 없어 보이는 이 간단한 퍼즐의 변덕스러움에 경의를 표하기 바란다.

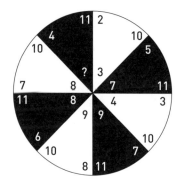

Training 2 답 : 320～321쪽

혼돈의 행렬

이번에는 행렬 문제다. 행렬은 정보를 포함하고 있는 격자에 불과하다. 이 경우 우리는 각각의 네모칸 안에 연속하는 숫자나 문자를 집어넣었지만 그 가운데 몇몇 칸은 빈칸으로 남겨두었다. 행렬을 구성하는 데 사용된 논리를 찾아내 빈칸을 채우는 것이 여러분의 임무다.

　쉽다고? 처음에는 그렇다. 그러나 갈수록 여러분의 정신을 쏙 빼놓을 만큼 어려워질 것이다.

A	C	D	B	A	C	D	B	A	C	D	B	A	C	D
B	A	C	D	B	A	C	D	B	A	C	D	B	A	C
D	B	A	C	D	B	A	C	D	B	A	C	D	B	A
C	D	B	A	C	D	B	A	C	D	B	A	C	D	B
A	C	D	B	A	C	D	B	A	C	D	B	A	C	D
B	A	C	D	B	A				A	C	D	B	A	C
D	B	A	C	D	B				B	A	C	D	B	A
C	D	B	A	C	D				D	B	A	C	D	B
A	C	D	B	A	C	D	B	A	C	D	B	A	C	D
B	A	C	D	B	A	C	D	B	A	C	D	B	A	C
D	B	A	C	D	B	A	C	D	B	A	C	D	B	A
C	D	B	A	C	D	B	A	C	D	B	A	C	D	B
A	C	D	B	A	C	D	B	A	C	D	B	A	C	D
B	A	C	D	B	A	C	D	B	A	C	D	B	A	C
D	B	A	C	D	B	A	C	D	B	A	C	D	B	A

1	4	3	2	1	4	3	2	1	4	3	2	1	4	3
4	1	2	3	4	1	2	3	4	1	2				2
3	2	1	4	3	2	1	4	3	2	1				1
2	3	4	1	2	3	4	1	2	3	4				4
1	4	3	2	1	4	3	2	1	4	3	2	1	4	3
4	1	2	3	4	1	2	3	4	1	2	3	4	1	2
3	2	1	4	3	2	1	4	3	2	1	4	3	2	1
2	3	4	1	2	3	4	1	2	3	4	1	2	3	4
1	4	3	2	1	4	3	2	1	4	3	2	1	4	3
4	1	2	3	4	1	2	3	4	1	2	3	4	1	2
3	2	1	4	3	2	1	4	3	2	1	4	3	2	1
2	3	4	1	2	3	4	1	2	3	4	1	2	3	4
1	4	3	2	1	4	3	2	1	4	3	2	1	4	3
4	1	2	3	4	1	2	3	4	1	2	3	4	1	2
3	2	1	4	3	2	1	4	3	2	1	4	3	2	1

F	X	F	X	P	F	A	L	P	F	F	X	F	X	P
A	P	A	L	X	X	P	L	X	P	A	P	A	L	F
L	L	A	A	F	F	A	A	L	L	L	L	A	X	X
P	X	L	P	X	X	L	A	P	A	P	X	A	F	A
F	P	L	A	F	P	X	F	X	F	F	L	P	L	P
F	A	L				X	F	X	P	P	L	P	L	F
X	P	L				P	A	L	F	A	F	A	X	L
F	A	A				L	A	X	X	X	X	A	A	P
X	L	A	P	A	P	X	A	F	A	F	L	X	F	L
P	X	F	X	F	F	L	P	L	P	P	F	X	A	P
F	X	F	X	P	P	L	P	L	F	P	A	X	F	P
A	P	A	L	F	A	F	A	X	L	L	F	X	L	F
L	L	A	X	X	X	X	A	A	P	P	A	A	X	X
P	X	A	F	A	F	L	X	F	L	L	X	A	F	A
F	L	P	L	P	P	F	X	A	P	F	L	P	L	P

Z	T	A	B	X	Z	T	A	B	X	Z	T	A	B	X
Z	T	A	B	X	Z	T	A	B	X	Z	T	A	B	X
X	B	X	Z	T	A	B	X	Z	T	A	B	X	X	T
B	A	B	X	Z	T	A	B	X	Z	T	A	Z	Z	A
A	T	A	Z	T	A	B	X	Z	T	A	B	T	T	B
T	Z	T	X	X	Z	T	A				X	A	A	Z
Z	X	Z	B	B	Z	T	A				Z	B	B	Z
X	B	X	A	A	X	B	X				T	X	X	T
B	A	B	T	T	B	A	T	Z	A	T	A	Z	Z	A
A	T	A	Z	Z	A	T	Z	X	B	A	B	T	T	B
T	Z	T	X	X	B	A	T	Z	X	B	X	A	A	X
Z	X	Z	B	A	T	Z	X	B	A	T	Z	B	B	Z
X	B	X	B	A	T	Z	X	B	A	T	Z	X	X	T
B	A	T	Z	X	B	A	T	Z	X	B	A	T	Z	A
A	T	Z	X	B	A	T	Z	X	B	A	T	Z	X	B

P	V	T	U	U	V	B	C	C	T	V	A	A	B	V
A	C	V	T	P	A	T	B	U	P	B	V	C	U	P
B	P	C	V	V	U	A	V	V	C	P	T	T	V	A
V	B	A	P	V	V	P	U	T	V	U	C	A	V	B
A	B	V	P	P	V	T	U	U	V	B	B	P	C	V
C	U	V	V	A	C	V	T	P	A	C	V	T	P	A
T	A	U	B	B	P	C	V	V	T	U	U	V	B	C
B	T	C	A	V	B	A	P	U	T	V	U	C	B	T
C	T	V	A	A	B	V	V	C	P	T	T	A	U	B
U	P	B	V	C	U	P	B	V	C	U	V	V	A	C
V	C	P	T	T	V	A	A			P	V	T	U	
T	V	U	C	A	V	B	A			P	U	T	V	
U	V	B	B	P	C	V	V			V	C	P	T	
P	A	C	V	T	P	A	T	B	U	P	B	V	C	U
V	T	U	U	V	B	C	C	T	V	A	A	B	V	P

3	9	5	6	4	2	3	9	5	6	4	2	3	9	5
2	4	2	3	9	5	6	4	2	3	9	5	6	4	6
4	6	4	2	3	9	5	6	4	2	3	9	5	2	4
6	5	6	3	9	5	6	4	2	3	9	5	6	3	2
5	9				2	3	9	5	6	4	6	4	9	3
9	3				4	2	3	9	5	2	4	2	5	9
3	2				6	3	9	5	6	3	2	3	6	5
2	4	2	5	9	5	2	4	6	4	9	3	9	4	6
4	6	4	9	3	9	3	2	4	2	5	9	5	2	4
6	5	6	3	2	4	6	5	9	3	6	5	6	3	2
5	9	5	2	4	6	5	9	3	2	4	6	4	9	3
9	3	9	3	2	4	6	5	9	3	2	4	2	5	9
3	2	4	6	5	9	3	2	4	6	5	9	3	6	5
2	4	6	5	9	3	2	4	6	5	9	3	2	4	6
3	2	4	6	5	9	3	2	4	6	5	9	3	2	4

Training 3 답 : 322～323쪽

Training 4
논리 비틀기

심리학자이자 작가인 에드워드 드보노(Edward DeBono)가 '수평 사고'라는 용어를 처음 사용한 것은 1970년대였다. 수평 사고란 우리가 흔히 사용하는 단계별 추론으로는 도달할 수 없는 결론에 이르도록 도와주는 일종의 논리 비틀기를 뜻한다.

한동안 수평 사고 문제는 학생들과 젊은 교수들 사이에서 가장 인기 있는 게임으로 자리 잡았다. 나팔바지를 입어본 연배라면 아마 이 게임을 해본 적이 있을 것이다. 만약 그렇다면 희미한 기억을 되살려 재치가 여전히 예전처럼 톡톡 튀는지 알아보는 것도 재미있을 듯싶다. 이 모두가 새롭다면 그냥 즐기면 된다!

23

두 형제가 열차의 양쪽 끝에서 내려 개찰구가 있는 로비로 향했다. 거기서 형제는 아버지를 만났다. 세 남자는 서로 반갑게 인사를 나누고 차에 올라 집으로 향했다.

이상한 점은 조금 전 역에서 만나기 전 이들은 한 번도 서로를 본 적이 없다는 것이다.

이들은 과연 누구일까? 그리고 역에서 어떻게 서로를 알아보았을까? 이들의 가족 관계에 대해 뭐 짚이는 게 있는가?

24

월요일, 화요일, 수요일, 목요일, 금요일, 토요일, 일요일이라는 단어를 사용하지 않고 세 번 연속되는 날들을 말할 수 있는가?

25

조 할아버지는 심각한 병에 걸려 병원에 입원한 상태에서 친척들을 병실로 불러모았다.

침대 머리맡에 놓인 시계가 정확히 오전 12시 13분에서 멈추자, 할아버지는 세상을 떠났다. 왜 그랬을까?

찰리는 선생님이 몸이 아파 마지막 수업을 하지 못하는 바람에 평소보다 일찍 하교했다. 찰리는 부모님이 돌아오기 전에 집에 도착했다. 하지만 열쇠가 없어서 집안에는 들어가지 못하고 마당에서 공놀이를 했다.

맙소사! 공 하나가 거실 창문을 깨뜨리고 말았다. 하지만 나중에 찰리의 부모님이 돌아왔을 때 공은 흔적조차 없이 사라진 상태였다. 찰리가 집 안에 들어가려면 톱니처럼 들쭉날쭉한 유리에 베이지 않고는 달리 방법이 없었기 때문에 부모님은 찰리를 범인으로 의심하지 않았다.

공은 어디로 사라졌을까?

자동차 한 대가 가파른 언덕을 시속 80마일 이상의 속도로 내려가다 밑에 있던 벽돌벽과 부딪쳤다. 경찰이 도착했을 때 운전자는 자동차 잔해에서 침착하게 자신의 서류가방을 꺼내고 있었다. 약간 까지고 멍든 것을 제외하고는 그는 멀쩡했다.

헨리 경사는 "내가 그 동안 목격해온 교통사고로 볼 때 선생은 당연히 죽었어야 하는데, 정말 신기하군요."라고 말했다.

운전자가 그렇게 멀쩡했던 이유는 뭘까?

28

한 남자가 1958년에 있었던 전투에서 부상을 입어 몹시 위독한
상태였다.

  그런데 그는 1957년에 사망했고, 그해 무덤에 묻혔다.

  어떻게 이런 일이 가능할까?

29

윌리엄은 세 아들 중 한 명에게 유산을 물려주고 싶었다. 그러나
셋 중 누구에게 주어야 할지 쉽게 결정할 수 없었다. 윌리엄은 간
단한 시험을 쳐서 가장 현명한 답을 낸 아들에게 유산을 물려주
기로 했다.

  "너희 셋에게 똑같이 동전 한 닢씩 줄 테니, 그 돈으로 한 시간
안에 이 방을 가득 채울 수 있는 무언가를 사오너라."

  윌리엄에게 동전을 받은 세 아들은 각자 방을 채울 무언가를
사러 흩어졌다. 한 시간이 지나고 세 아들이 방에 모였다.

  첫째는 밀짚을 한 단 사 왔다. 그러나 밀짚으로는 방을 가득 채
울 수 없었다.

  둘째는 장작을 조금 사 왔다. 그러나 장작으로도 방을 가득 채
울 수 없었다.

  마지막으로 셋째는 두 가지 물건을 사 왔고, 셋째는 그 물건들

로 방을 가득 채울 수 있었다.

결국 윌리엄의 유산은 셋째가 받게 되었다.

셋째 아들이 사 온 두 가지 물건은 과연 무엇이었을까?

30

심슨 부부와 두 자녀가 강에 도착했다. 심슨 가족이 강을 건너기 위해서는 배를 타야만 한다. 하지만 배는 한 번에 성인 한 명, 또는 아이 두 명밖에 탈 수 없을 만큼 매우 작다. 다행히 두 아이 모두 노를 잘 젓는다.

심슨 가족이 한 명도 빠짐없이 강 반대편으로 건너려면 어떻게 해야 할까?

31

신앙심이 매우 깊은 베키네 가족은 한 번도 예배를 빼먹은 적이 없었다. 어느 일요일 끔찍한 사고가 발생했다. 경비행기 한 대가 베키네 가족이 아침 예배를 보는 바로 그 건물에 떨어졌다. 조종사가 죽고 많은 사람들이 다쳤다.

베키의 이모는 지역 신문에서 그 기사를 보고 즉시 베키 엄마에게 전화를 걸어 "화를 모면하다니 정말 다행이다."라고 말했다.

베키의 이모는 베키네 가족이 다치지 않았다는 것을 어떻게 알았을까? 베키네 가족은 TV 보도에도 나오지 않았고, 사고 이후 누구하고도 접촉한 일이 없는데 말이다.

32

데니 엄마는 아이가 네 명이다.

첫째 이름은 '에이프릴'이다.

둘째 이름은 '메이'이다.

셋째 이름은 '준'이다.

넷째 아이의 이름은 무엇일까?

Training 4 답 : 323〜325쪽

뇌를 쥐어짜는 피라미드

피라미드 퍼즐도 종류가 매우 다양하다. 사실 피라미드 퍼즐은 답을 찾는 데 필요한 공식이 삼각형 퍼즐 못지않게 흥미롭고 복잡하다.

이번에도 계산은 유치할 만큼 간단하지만 문제를 풀려면 삼각형 퍼즐에서처럼 일정한 연관 관계를 찾아내야 하다

33

첫 번째 퍼즐은 아주 간단하다. 일련의 간단한 상호 논리에 이어 각 삼각형에 공통으로 적용되는 연관 관계를 밝혀내면 된다.

이번에는 상호 논리가 좀더 복잡하다.

상호 논리는 매우 간단하지만 삼각형의 연관 관계는 좀더 복잡해 졌다.

지금쯤 요령을 터득했을 것이다.

역시 똑같은 문제다.

이제 감이 잡히는가? 한 번 더 풀어보기 바란다.

이번에는 이런 문제다. 특이한 점을 발견했는가?

Training 5 답 : 325〜327쪽

Training 6
공포의 사각형

지금까지 살펴보았듯이 삼각형 몇 개만으로도 아주 어려운 퍼즐을 얼마든지 만들어낼 수 있다. 등식에 숫자를 하나 더 추가하고 연관 관계에 귀퉁이를 하나씩만 더 추가해도 가능성은 거의 무궁무진해진다. 이제 사각형 문제를 풀면서 자신의 능력을 확인해보자. 답을 찾으려면 맨 위 왼쪽 귀퉁이에서부터 시계 방향으로 이동하면서 각각의 사각형에 공통으로 적용되는 연관 관계를 알아내야 한다.

40

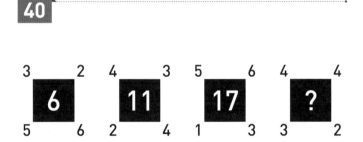

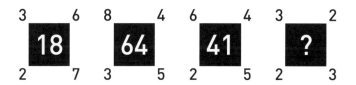

3   6   8   4   6   4   3   2
18   **64**   **41**   **?**
2   7   3   5   2   5   2   3

9   3   2   8   4   5   6   4
21   **20**   **25**   **?**
4   6   7   3   2   9   3   7

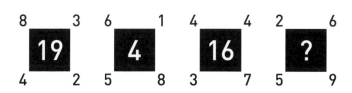

8   3   6   1   4   4   2   6
19   **4**   **16**   **?**
4   2   5   8   3   7   5   9

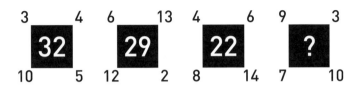

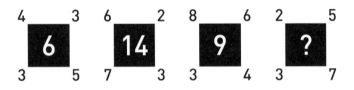

6 · · · 3	6 · · · 5	8 · · · 4	6 · · · 3
51	**61**	**45**	**?**
7 · · · 4	2 · · · 7	3 · · · 2	7 · · · 5

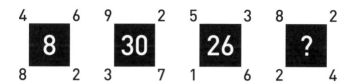

4   6   9   2   5   3   8   2

8   **30**   **26**   **?**

8   2   3   7   1   6   2   4

Training 6 답 : 327~328쪽

Training 7
격자 수수께끼

격자는 다양한 방식으로 작동한다. 처음 세 개의 퍼즐은 공간 문제다. 그러고 나면 문자 사이의 연관 관계를 알아맞히는 문제가 나온다.

48

이번에는 간단한 공간 문제다. 점이 이동하는 원리를 찾아내자.

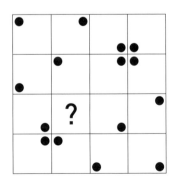

49

이번에는 약간 복잡하다.

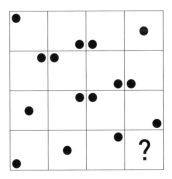

50

이번 문제는 훨씬 더 어렵지만 요령은 동일하다. 점이 이동하는 원리를 찾아내면 된다.

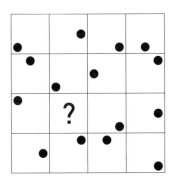

문자를 주의 깊게 살펴보고 각각 무엇을 나타내는지 알아맞혀
보자.

J	F	M	A
D	W	S	M
N	F	S	J
O	S	A	J

이번에도 격자 안의 문자를 주의 깊게 살펴보고 각각 무엇을 나
타내는지 맞히면 된다. 2002년 여름에 열렸던 스포츠 경기를 떠
올리면 쉽게 풀 수 있다.

P	K	E	G
I	T	B	S
S	U	M	S
B	J	I	D

Training 7 답 : 328∼329쪽

Training 8
프로크루스테스의 침대

이번 격자 안에는 저마다 값을 지닌 기호가 들어가 있다. 격자를 일정하게 나눠 동일한 합이 나오도록 하는 것이 이번 문제다. 경우에 따라 기호의 값이 제시되기도 하고, 나누어진 조각이 제시되기도 한다. 빠진 정보를 찾는 것이 여러분이 할 일이다.

그리스 신화에 손님이 침대에 비해 너무 짧으면 다리를 잡아빼 키를 늘이고, 너무 길면 다리를 절단했다는 프로크루스테스를 아는가? 이번 문제에서 여러분은 정해진 조건에 맞도록 격자를 여러 조각으로 자르거나 기호를 넣었다가 빼는 프로크루스테스가 되어보기 바란다.

직선 3개를 사용해 각 칸에 들어 있는 기호의 합이 16이 나오도록 격자를 여섯 조각으로 나누어라.

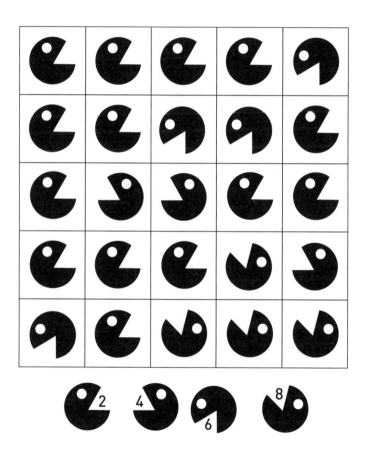

직선 2개를 사용해 각 칸에 들어 있는 기호의 합이 22가 나오도록 격자를 네 조각으로 나누어라.

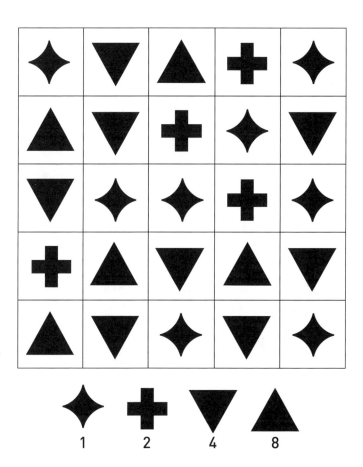

격자 안에 들어 있는 모양은 각각 일정한 값을 지닌다. 직선으로
나뉜 각 조각의 합이 25가 나오려면 빈칸에 어떤 모양이 들어가
야 할까?

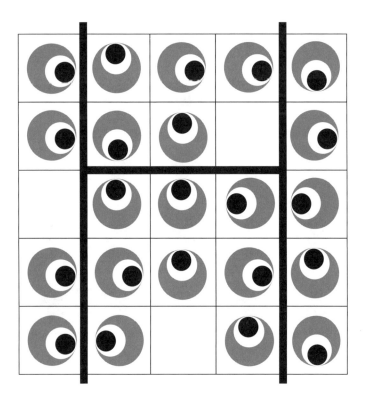

각각의 모양은 저마다 일정한 값을 지닌다. 직선으로 나뉜 각 조각의 합이 32가 나오려면 빈칸에 어떤 모양이 들어가야 할까?

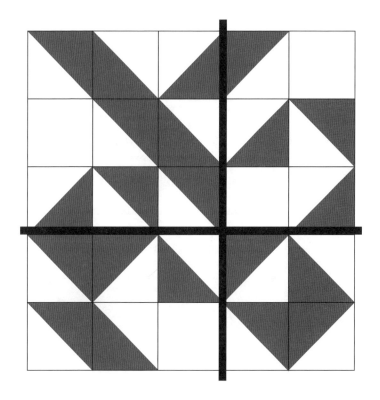

격자를 아래와 같이 나누었을 때 각 조각의 합이 36이 나온다면 각각의 물고기가 지니는 값은 얼마일까?

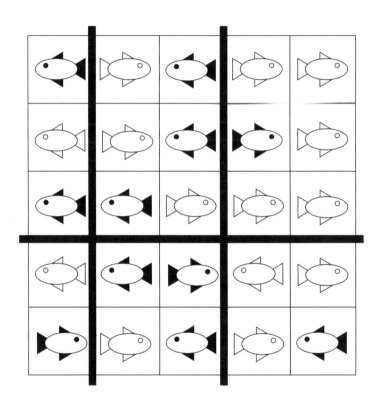

격자를 아래와 같이 나누었을 때 각 조각의 합이 21이 나온다면
각각의 기호가 지니는 값은 얼마일까?

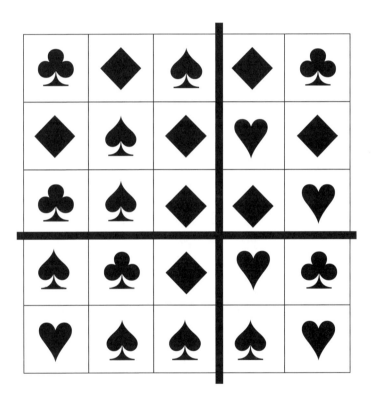

Training 8 답 : 330쪽

Training 9
살인적인 별

오래전 멘사는 런던의 신문사 〈타임스 The Times〉지와 함께 '더 타임스 마인드 토너먼트(The Times Tournament of the Mind)'라는 대회를 운영했다. 참가자들 가운데 상당수가 똑똑하기로 치면 어딜 가나 뒤지지 않았지만 승자는 그 가운데 단 한 명일 수밖에 없었다. 멘사의 퍼즐 대가 해럴드 게일(Harold Gale)과 로버트 알렌(Robert Allen)은 대회를 위해 정말로 골치 아픈 문제를 생각해냈다. 문제는 참가자들이 빠진 하나를 채워 완성해나가는 형식으로, 주제의 연관 관계를 찾아내는 것이 문제 해결의 관건이었다.

이번 기회에 그 오래된 전통을 되살려보고자 한다. 별을 에워싸고 있는 문자는 서로 연관 관계를 갖는 각 단어의 특정 자리의 글자(머리글자, 마지막 글자, 세 번째 글자 등)에 해당한다. 하지만 예전의 '더 타임스 마인드 토너먼트'와 달리 이번에는 단서가 주어져 있다. 답은 한 글자일 수도 있고 아닐 수도 있다. 그 가운데 한두 개만 알아맞혀도 이루 말할 수 없이 기쁠 것이다. 하지만 너무 집착하지는 말자. 이전 대회 참가자 가운데 어떤 사람은 일하는 시간에도 문제를 풀다 직장에서 쫓겨났다. 그런 불상사가 생기지 않도록 조심하기 바란다!

59

단서 : 정치인

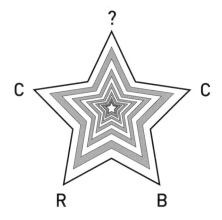

60

단서 : 붉은색

단서 : 성경

단서 : 경계선

63

단서 : 일기

64

단서 : 크기

단서 : 달력

단서 : 왕

67

단서 : 축구

68

단서 : 제자

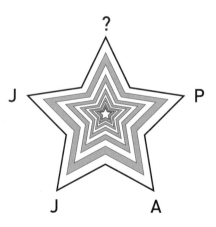

69

단서 : 은하계

70

단서 : 지구

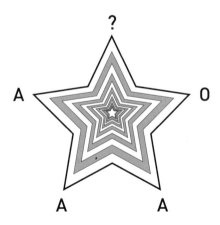

Training 9 답 : 331〜333쪽

고급 낱말 찾기

전 세계인들이 커피를 마시는 시간에 즐겨 푸는 낱말 찾기 문제는 아무리 수준이 낮아도 어려울 수 있다. 다음에 소개할 문제도 크게는 낱말 찾기에 속하지만 여러분이 접해보지 못한 새로운 유형의 문제이다. 우선 일상 대화에서 여간해서는 사용하지 않는 단어가 종종 나온다. 그리고 단어가 일직선이 아니라 역방향을 포함해 사방으로 배치되어 있다. 경우에 따라 이리저리 방향을 트는 단어도 있고, 거꾸로 가는 단어도 있다. 그런가 하면 같은 글자가 연달아 나오는 통에 어떤 단어인지 도무지 짐작하기 어려운 경우도 있다.

문제를 풀다 보면 여러분의 눈이 무척 피로해질 것이다. 문제를 풀기 전에 눈을 여러 번 크게 깜빡깜빡해보고, 시계 방향으로 눈동자를 빙그르 굴려보자.

X	E	T	E	L	P	E	D	T	S	E	D	S	B	V
V	T	R	A	N	S	K	V	O	C	P	I	U	X	I
D	L	A	N	R	C	L	M	N	A	U	T	I	O	N
M	B	N	R	F	R	D	X	T	L	R	S	G	A	C
S	T	V	U	T	I	E	E	M	O	M	E	L	O	G
U	T	R	I	S	B	G	V	A	L	U	A	O	T	V
X	S	R	R	M	E	D	N	P	Q	U	V	E	X	A
J	E	S	A	B	R	I	R	B	C	Γ	G	I	P	T
E	T	G	Q	T	L	B	E	S	L	U	V	N	O	C
J	E	L	R	S	E	I	N	G	U	N	E	A	O	H
U	G	O	A	T	B	G	D	J	I	K	L	N	M	T
N	A	P	T	V	X	U	I	A	B	D	V	C	F	N
E	T	R	M	O	S	P	T	C	A	E	U	E	I	I
P	L	A	U	S	I	B	L	E	X	B	C	D	A	L
X	T	R	S	U	E	M	I	L	B	U	S	P	S	P

TRANSCRIBE	PLAUSIBLE	ABRIDGED	GOLEM
SEDITION	CONVEX	SUBLIME	DEPLETE
CONVULSE	VOCAL	GLOAT	TAGETES
STRATEGIC	JEJUNE	PLINTH	

R	E	D	F	X	S	V	O	U	R	N	O	E	A	I
X	E	V	E	L	E	R	I	A	O	R	M	N	T	H
E	I	B	U	I	U	Q	U	T	S	U	P	V	M	C
L	Q	G	A	O	V	V	L	E	H	A	D	L	A	Y
L	E	R	U	R	L	I	A	X	A	P	E	T	T	E
T	S	T	P	S	B	G	E	X	G	E	V	Q	L	G
A	L	S	R	G	N	A	D	P	S	N	T	S	O	P
I	P	I	P	E	S	M	T	U	Y	I	V	T	D	T
P	P	F	T	U	M	L	S	I	D	C	O	B	I	O
B	U	S	T	N	S	N	T	Q	V	S	C	A	L	I
R	H	U	Q	L	T	A	R	X	T	E	L	C	H	C
S	G	U	T	I	R	E	E	V	A	T	E	T	A	T
B	T	J	P	M	U	I	N	I	H	P	L	E	D	U
O	U	K	L	P	D	D	Y	S	T	G	M	F	G	M
E	U	Q	I	P	E	A	I	X	A	N	I	N	O	R

REBARBATIVE	LAYETTE	DYSTAXIA	FLUVIAL
EXHUME	POSTVOCALIC	PIPISTRELLE	RONIN
DELPHINIUM	SERIATE	PIQUE	MUTATE
BUSUUTI	SEPTUM	DYSGENIC	

R	N	A	L	H	E	L	A	L	I	H	P	O	S	V
E	S	E	O	U	G	I	O	P	T	Y	N	T	O	A
B	M	L	G	I	R	U	I	L	I	E	N	H	R	N
I	M	O	O	M	U	D	L	A	D	E	G	I	D	Y
H	N	P	O	T	O	R	G	C	T	B	Y	Z	E	G
P	R	O	G	E	B	O	O	I	E	J	V	I	N	O
T	A	K	N	R	U	S	R	R	N	D	E	C	R	L
E	L	E	O	N	A	O	B	N	A	E	A	A	E	O
R	E	T	I	O	F	P	M	S	L	L	P	R	T	D
C	P	G	N	C	M	H	I	A	S	P	S	T	S	E
N	R	K	S	U	U	O	T	T	P	I	G	S	O	A
O	S	U	I	H	L	L	S	E	O	O	P	O	P	P
C	M	L	I	Y	P	O	A	G	S	T	E	S	A	T
T	E	O	T	J	G	O	O	R	R	N	X	D	N	O
H	V	A	S	P	X	I	L	E	H	H	E	L	I	I

MUSCULAR	FAUBOURG	DROSOPHILA	GOOGOL
PENITENT	INSPISSATE	OSTRACIZE	POSTERN
MOPOKE	PAEDOLOGY	CONCRETION	HIBERNAL
HELIX	IMBROGLIO	HELIUM	GYVE

U	N	L	Y	L	E	M	I	T	U	N	H	D	L	C
I	U	M	B	R	A	D	A	N	J	N	A	T	U	I
M	T	U	D	E	U	N	E	U	U	E	I	N	B	T
I	N	E	U	S	V	V	D	U	R	V	C	U	N	I
W	U	D	N	R	O	O	E	N	T	I	K	V	U	R
I	N	E	G	O	L	S	L	O	N	G	N	A	N	A
N	H	R	O	H	P	L	E	R	U	J	L	A	C	G
D	O	A	D	N	U	A	N	E	R	U	U	N	T	U
U	L	R	L	U	N	V	A	T	O	H	L	R	R	E
N	U	T	L	E	O	A	N	T	S	A	M	E	D	B
V	N	L	I	E	E	E	U	A	S	L	N	E	M	A
O	T	U	H	F	S	H	P	N	T	B	O	A	M	A
L	O	P	G	R	U	P	S	L	A	S	P	H	N	L
D	U	U	N	L	O	U	T	P	A	R	S	L	P	P
U	N	E	A	L	R	E	C	L	U	R	Y	T	O	U

UMBRA	UGARITIC	UNHORSE	UNTIMELY
UNANELED	ULCEROUS	UNTREAD	UNWIND
UNARY	ULEMA	UPHILL	UPHEAVAL
ULTRARED	UNCINATE	UPHOLSTER	

A	M	I	T	E	S	H	R	O	U	B	A	R	H	S
L	D	S	H	I	S	H	L	O	B	R	S	O	D	O
U	U	S	H	N	H	O	N	E	C	H	H	V	M	S
H	O	A	E	T	A	H	S	H	R	G	N	E	H	H
S	R	L	S	O	M	S	E	V	O	A	P	T	C	R
I	H	A	H	I	P	O	A	R	T	L	L	I	I	U
S	H	S	H	O	M	H	S	H	R	E	E	D	V	H
S	H	O	L	G	P	S	H	P	S	L	G	E	O	S
R	A	B	M	U	S	A	S	H	I	L	A	L	K	U
U	L	V	O	N	S	H	R	O	G	K	D	A	H	T
B	B	E	R	Y	S	U	O	D	N	E	T	S	T	M
U	P	L	O	R	H	M	N	I	S	S	N	U	G	T
R	S	L	E	K	E	N	R	A	O	N	S	E	U	O
H	H	S	V	T	R	H	V	H	P	O	T	L	V	H
S	L	M	R	U	S	T	S	S	H	U	T	T	R	S

SHINTO	SHOGUN	SHRUBBERY	SHROVE
SHILLELAGH	SHOSHONE	SHULAMITE	SHROUD
SHEKEL	SHOTGUN	SHRINKAGE	SHUSH
SHOSTAKOVICH	SHROVETIDE	SHUTTLE	

E	T	N	I	O	E	E	T	A	T	S	E	T	N	I
R	A	U	R	S	A	I	E	S	L	E	I	N	F	U
G	T	V	L	T	L	P	S	A	L	A	M	L	N	S
L	C	O	R	E	N	U	R	P	S	Z	D	L	O	I
A	C	I	A	L	M	O	F	U	A	E	B	A	D	M
B	L	V	Q	O	I	A	M	N	S	S	T	B	O	V
P	R	O	A	S	R	T	U	V	I	L	R	L	O	O
R	O	P	B	E	R	T	N	E	N	A	A	L	L	G
E	N	O	R	T	I	O	N	S	O	P	O	R	P	N
R	O	B	E	R	T	V	A	L	E	R	I	T	R	I
A	L	L	E	N	A	V	O	H	N	P	L	A	N	M
R	W	A	S	L	D	M	N	N	R	N	R	E	T	A
O	H	E	S	L	B	I	N	S	I	X	Y	O	R	L
U	R	E	A	D	O	R	O	T	V	C	A	B	L	F
G	N	A	L	S	T	U	I	T	A	N	O	T	N	I

ULEMA	PROPONENT	INTERGLACIAL	INFULAE
SLAVONIC	PROPORTIONAL	FLAMINGO	INHERIT
SLALOM	INTONATION	LANGUOR	INFUSION
SLEAZEBALL	INTESTATE	LANTERN	

M	T	I	I	T	A	U	M	E	E	R	M	E	D	I
O	O	S	M	D	O	D	I	O	T	S	E	C	O	T
U	P	E	E	R	E	D	P	D	P	R	U	S	M	A
L	D	D	M	P	U	E	L	E	T	E	O	E	P	T
L	U	C	E	S	M	A	S	C	A	R	I	C	E	D
A	D	R	T	I	T	D	T	E	R	P	U	I	T	E
T	O	M	E	D	E	S	I	L	U	M	D	T	A	C
S	O	R	E	E	D	U	D	E	T	R	O	M	I	T
P	R	S	I	T	P	P	E	R	A	O	S	R	E	S
E	D	O	M	E	T	R	L	A	T	I	S	D	E	Z
E	C	O	M	O	E	I	C	T	E	S	P	R	E	I
C	P	U	P	R	C	I	A	D	T	A	C	E	S	R
M	O	T	M	R	E	T	I	E	E	D	I	L	E	T
L	R	E	Z	E	E	A	C	M	A	S	T	T	C	U
E	G	I	B	D	E	T	L	U	A	D	E	O	M	P

DESIDERATUM	DISTEMPERED	DOMESTICATED	PRESELECTED
COMPUTERIZE	DEMODULATOR	DEMASTICATED	RETICULATED
DECELERATES	COMPROMISED	AUDIOMETERS	COMPUTERIZED
DELETERIOUS	COMPETITORS	DUPLICATORS	PREMEDITATED
DEPRECIATED	MOULD—DEPOSIT	MASTERPIECE	SPEEDOMETER

T	R	P	A	S	F	T	R	E	U	A	P	H	A	I
H	O	L	O	E	O	R	U	A	L	S	R	E	O	F
E	O	C	O	R	A	O	T	S	S	G	E	T	B	O
C	A	T	R	E	H	S	E	E	T	E	J	A	M	R
O	S	M	R	C	A	S	R	E	G	A	B	A	O	E
L	T	U	A	E	Y	U	H	R	O	F	T	P	H	L
O	A	C	N	N	A	C	E	O	R	O	C	I	E	D
R	S	H	E	F	L	G	U	U	L	R	L	K	R	O
M	R	D	A	T	R	S	S	N	T	E	B	A	D	V
E	G	U	L	O	V	C	R	O	S	S	R	O	E	S
N	S	R	L	S	L	A	U	G	H	T	A	L	L	G
S	Y	E	C	H	R	S	R	O	A	E	D	O	L	E
E	E	B	R	A	E	R	R	T	K	R	E	C	A	T
D	C	R	R	A	E	S	E	S	T	E	S	G	E	H
R	E	L	A	E	L	L	O	C	A	D	Y	L	L	E

TREACHEROUS DECOLLETAGE REGULATORS HERETOFORE

STOREHOUSE OCTAHEDRAL CHARTREUSE COLORATURA

FORESTALLS SURROGATES REDECLARES SCHEDULERS

SLAUGHTERED RESEARCHERS REALLOCATES CROSSROADS

FORECASTERS FLAGEOLET ORTHOCLASE

멘사 아이큐 테스트 실전편
Mensa The Genius Test

해 답

TEST 1 공간 추론 테스트

01 B

삼각형이 빠져 있다.

02 C

시계 방향으로 90도씩 수직으로 회전한다. 단, 회전한 모양이 세로로 길어질 경우에는 좌우를 반전시킨다.

03 B

검은 점 1개가 흰 점 4개로, 흰 점 2개는 검은 점 1개로 바뀐다. 이동할 때마다 점들의 띠는 반시계 방향으로 72도씩 회전한다.

04 E

나머지는 흰 점의 숫자에 검은 점의 숫자를 곱하면 오른쪽의 굵은 검은 테두리가 있는 흰 점의 숫자와 동일한 값이 나온다.

05 E

연속된 그림의 변화 규칙은 네 가지이다.
① 패턴은 단계마다 반시계 방향으로 90도씩 회전한다.
② 선의 개수는 단계마다 번갈아 한 개, 두 개로 바뀐다.
③ 삼각형은 명암이 다른 원으로 바뀌고, 원은 명암이 같은 삼각형으로 바뀐다.
④ 호는 계속 똑같은 상태를 유지한다.

06 C

나머지는 모두 직선 세 개로 이루어져 있다.

07 A

흰색 부분은 검은색으로 검은색 부분은 흰색으로 바뀌고, 수직선을 기준으로 반전시킨다.

08 D

나머지는 세 번째 큰 원과 가장 작은 원의 교차점이 가장 큰 원과 두 번째 큰 원의 교차점과 마주보고 있다.

09 E

수직선은 정수 1을 나타낸다. 수평선은 정수 5를 나타낸다. E를 제외한 나머지는 양쪽 끝의 수직선을 환산한 값을 곱한 값이 중앙의 수직선과 수평선을 더한 값과 같다.

예를 들어 A는 왼쪽에 수직선이 4개(4), 오른쪽에 수직선이 3개, 중앙에 수직선 2개(2)와 수평선 2개(5×2)가 있다. 계산해보면 $4 \times 3 = 2 + (5 \times 2)$가 나온다.

10 A

사각형은 원으로, 삼각형은 사각형으로, 원은 삼각형으로 바뀐다.

11 Z

알파벳 L에서 출발해 각각 1칸(N), 2칸(Q), 3칸(U) 순으로 이동했다. 따라서 다음에 올 문자는 U에서 4칸 이동한 Z다.

12 E

큰 사각형은 반시계 방향으로 90도씩 회전하고, 수평선을 기준으로 뒤집힌다.

13 E

나머지는 바깥에 있는 삼각형의 숫자가 기본 축을 이루는 도형의 모서리 숫자에 2를 곱한 값과 같다.

14 D

나머지는 흰 원=1, 흰 삼각형=2, 검은 원=3, 검은 삼각형=4의 값을 가진다. 즉 왼쪽에 있는 도형 두 개를 합한 값과 오른쪽에 있는 도형 하나의 값이 일치한다.

15 A

동그라미와 십자가가 왼쪽에서 오른쪽으로, 위에서 아래로 2칸씩 이동한다.

16 E

17 A

18 C

19 B

단계마다 반시계 방향으로 90도씩 이동하고, 명암이 반대로 바뀐다.

20 E

큰 삼각형이 중간 크기의 삼각형 4개로 나누어진다. E를 제외한 나머지는 중간 크기의 삼각형이 각각 2개의 검은 삼각형과 2개의 하얀 삼각형으로 이루어져 있다.

예를 들어 A는 그림과 같이 4개로 나누어진다.

21 A

A를 제외한 나머지는 사각형 네 모서리의 대각선 개수를 곱한 값이 중앙의 수직, 수평선 개수와 같다.

예를 들어 B는 모서리 1(2)×모서리 2(3)×모서리 3(3)×모서리 4(1)=중앙(18)이 나온다.

22 C

원이 180도로 회전하면서 눈금의 숫자가 이전의 2배가 된다.

23 E

24 B

25 B

나머지는 가장 작은 원이 다른 원 하나하고만 맞물린다.

26 B

A에서 Z까지의 알파벳 순서에서 맨 윗줄은 뒤로 2칸, 두 번째 줄은 뒤로 3칸, 세 번째 줄은 뒤로 4칸 이동한다.

27 C

큰 삼각형 안에 있는 작은 삼각형 네 개는 각각 교차하는 직선의 개수가 그 안에 있는 점의 개수보다 한 개 적다.

28 D

나머지는 원의 개수가 바깥에 있는 도형을 이루는 모서리 개수의 절반에 해당한다.

29 E

나머지는 수직선을 기준으로 반전된다.

30 E

나머지는 각 세로줄과 각 가로줄에서 점이 한 개만 나온다.

많은 사람들이 이러한 공간 추론 문제를 어려워한다. 멘사에서 주관하는 테스트를 감독할 때면 다른 테스트는 쉽게 통과한 사람들이 유독 이 공간 문제에서만큼은 낑낑대는 모습을 흔히 볼 수 있다. 한 문제당 1점으로 계산하면 점수가 나온다.

- **25점 이상** : 점수가 25점이 넘으면 상당히 잘한 편에 속한다. 어려운 테스트인 데다 시간제한까지 있었던 만큼 상당히 잘했다.
- **20~24점** : 20~24점이면 천재 범주에는 들어가지 않더라도 아주 뛰어난 편이다.
- **15~19점** : 15점에서 19점 사이에 있다면 공간 추론 능력이 괜찮은 편이긴 하나 그렇게 뛰어난 수준은 아니다.
- **15점 미만** : 15점 이하라면 공간 추론 능력이 부족하긴 하나 걱정할 필요는 없다. 공간 추론 능력이 지능의 전부는 아니다.

01   a : 122

(바로 앞의 숫자에 3을 곱하고 1을 빼면 다음에 올 수가 나온다.)

b : 44 ($-4, -8, -12, -16$)

c : 10

(숫자의 각 자리 수를 합한 다음 2를 곱하면 다음에 올 수가 나온다.)

d : 95 ($+11, +13, +15, +17$)

02   18분

03   21

대각선상에 서로 마주보고 있는 숫자를 합하면 55가 나온다.

04   ●

▲ $= 5$, ■ $= 8$, ● $= 9$

05   4, 5

06   A $= 7$, B $= \times$, C $= -$, D $= 12$, E $= -$

07   5시 6분

08   R$=6$, S$=12$, T$=5$

09 ◧

각 줄의 값이 주어지지 않았기 때문에 사각형이 갖는 값은 알 수 없다.

10 a : $3\underline{\times}4\underline{-}5\underline{+}6=13$

b : $7\underline{+}8\underline{\times}9\underline{-}10=125$

c : $11\underline{+}12\underline{-}13\underline{\times}14=140$

11 56명

12 6

▲$=8$, ●$=24$, ■$=6$

13 A=5, B=4, C=15

각 줄의 숫자를 곱한 값은 바로 가까이에 있는 더 긴 줄에 숫자를 곱한 값의 두 배이다.

14 바나나

사과$=1$, 오렌지$=2$, 바나나$=4$

15 a : **−10**$(-22, -20, -18, -16)$

b : **100**$(\div12, \times10, \div12, \times10)$

c : **92**$(+7, +14, +21, +28)$

d : **70**$(+19, -17, +15, -13, +11)$

16 145달러

17 위쪽 절반에 해당하는 숫자 세 개($8 \times 3 \times 6$)를 곱하면 144가 나온다. 아래쪽 절반에 해당하는 숫자 세 개($2 \times 6 \times 12$)도 같은 결과가 나온다.

18 $864cm^3$

19 캐리는 180달러, 사만다는 300달러, 샤롯은 250달러를 썼다.

20 A=7, B=×, C=28
대각선상에 서로 마주보는 칸끼리 묶어 계산한다.
즉, $63 \div 7 = 9$, $11 \times 9 = 99$, $72 - 28 = 44$이다.

21 13

22 $25434cm^2$

23 A=17, B=18, C=14
세로줄과 가로줄의 숫자를 합하면 모두 50이 나온다.

24 3개

25 24세

26 10cm

27 14번

28 314cm²

29 850개

C 라인은 45일 동안 850개의 농구공을 생산한다.

30 2601

A=1, E=5, I=9, O=15, U=21
모음을 모두 합한 값은 51이며, 51²은 2601이다.

테스트 결과 분석 | 만점 30점

- **25점 이상** : 25점 이상이면 절대적으로 뛰어난 편에 속하며, 다른 테스트 점수까지 좋을 경우 IQ가 비범하다고 할 수 있다.

- **20~24점** : 20점에서 24점 사이면 매우 훌륭한 편이긴 하지만 천재의 징후가 보이지는 않는다. 하지만 다른 테스트 결과가 수학에서 부족한 부분을 보충해줄 수 있다. 20점만 넘어도 상당히 잘하는 축에 들지만 우리는 지금 최고 중에서도 최고를 찾고 있다.

- **15~19점** : 15점에서 19점 사이면 일상생활을 하는 데 아무 지장이 없지만 IQ가 높다고 할 수는 없다.

- **15점 미만** : 15점 미만일 경우 숫자에 취약하다는 증거이기 때문에 숫자 추론 능력을 끌어 올릴 필요가 있다. 수리력은 연습하면 나아질 수 있다.

TEST 3 언어 추리력 테스트

01 b	**02** a	**03** a	**04** e	**05** e
06 d	**07** b	**08** c	**09** d	**10** c
11 b	**12** d	**13** a	**14** b	**15** d

테스트 결과 분석	만점 15점

- **13짐 이상** : 아주 탁월하다.
- **10점 이상** : 매우 훌륭하다.
- **6~9점** : 언어 능력에 신경 쓸 필요가 있다.
- **5점 미만** : 책과 신문을 읽으며 언어 능력을 키워보자.

Chapter 2

창의력 테스트

TEST 1 창의력 테스트 채점표

	a	b	c
1	0	2	1
2	1	0	2
3	2	0	1
4	0	2	1
5	2	1	0
6	0	2	1
7	0	1	2
8	0	2	1
9	2	0	1
10	2	1	0

테스트 결과 분석 | 만점 20점

- **17~20점** : 창의력이 매우 높고, 독창적인 생각으로 번득인다.
- **13~16점** : 연습하면 얼마든지 향상이 가능한 점수 수준이다.
- **9~12점** : 창의력 수준을 끌어 올리려면 열심히 노력해야 한다.
- **9점 미만** : 퍼즐을 꾸준히 풀어 창의력을 키우기 바란다.

TEST 1 **집중력 테스트 채점표**

	a	b	c		a	b	c
1	2	0	1	11	1	0	2
2	0	2	1	12	2	1	0
3	2	0	1	13	0	1	2
4	1	2	0	14	2	0	1
5	0	2	1	15	0	1	2
6	2	1	0	16	2	0	1
7	0	2	1	17	0	2	1
8	2	0	1	18	0	2	1
9	0	2	1	19	1	0	2
10	0	2	1	20	1	2	0

테스트 결과 분석 | 만점 40점

- **35~40점 :** 누가 보아도 집중력이 아주 뛰어나며, 무슨 일을 하든지 마음만 먹으면 완전히 집중할 수 있다.

- **28~34점 :** 집중력이 상당한 수준이지만 개선의 여지가 있다. 꾸준히 연습하면 얼마든지 향상이 가능하다.

- **20~27점 :** 꽤 괜찮은 편에 속하지만 산만해질 때가 너무 많다. 중요하지 않은 일에 허비하는 시간이 많다. 열심히 노력하면 눈에 띄는 성과를 거두게 될 것이다.

- **20점 미만 :** 집중력이 떨어지는 편이므로 훈련을 통해 집중력을 키우기 바란다.

TEST 2 **집중력 향상 훈련 정답 :** 모두 308쌍이다.

TEST 1 미술 지식 테스트

01 바우하우스(Bauhaus)

02 에셔(M.C. Escher)

03 르코르뷔지에(Le Corbusier)

04 들라크루아(Eugene Delacroix)

05 큐비즘(Cubism)

06 매켓(Maquette)

07 에곤 실레(Egon Schiele)

08 옵티칼 아트(Optical Art)

09 드가(Edgar Degas)

10 팔라디아니즘(Palladianism)

11 윌리엄 터너(Joseph Mallord William Turner)

12 키캣(Kit-cat)

13 툴르즈 로트렉(Henri de Toulouse-Lautrec)

14 바틱(Batik)

15 야수파(Fauves)

16 피카소(Pablo Picasso)

17 토속 건축(Vernacular Architecture)

18 요른 우촌(Jorn Utzan)

19 초현실주의(Surrealism)

20 마치아이올리(Macciaioli)

21 비잔틴(Byzantine)

22 알퐁스 뮈샤(Alphonse Mucha)

23 세잔(Paul Cezanne)

24 명암법(Chiaroscuro)

25 다 빈치(Leonardo de Vinci)

26 이중섭

27 가우디(Antonl Gaudı y Cornet)

28 자연주의(Naturalism)

29 앤디 워홀(Andy Warhol)

30 바로크(Baroque)

테스트 결과 분석 | 만점 30점

- **25~30점** : 탁월하다. 적어도 천재처럼 말할 수 있겠다!
- **20~24점** : 미술에 대해 넓은 식견을 가지고 있다.
- **15~19점** : 나쁘진 않지만 뛰어나지는 않다.
- **10~14점** : 보통이다.
- **10점 미만** : 미술 지식이 부족하다.

TEST 2 문학 지식 테스트

01 아르투르 랭보(Arthur Rimbaud)

02 이범선

03 니코스 카잔차키스(Nikos Kazantzakis)

04 리차드 2세(Richard II)

05 푸르스트(Proust)

06 백석

07 《야간비행》

08 《파리대왕 Lord of the Flies》

09 《오만과 편견 Pride and Prejudice》

10 까라마조프의 형제들

11 《인연》

12 존슨 박사(Dr Samuel Johnson)

13 《난장이가 쏘아올린 작은 공》

14 하이쿠

15 질마재 신화

16 《실낙원 Paradise Lost》, 존 밀턴(John Milton)

17 《도리언 그레이의 초상 The Picture of Dorian Gray》

18 동인문학상

19 《나는 고양이로소이다》

20 《이상한 나라의 앨리스 Alice's Adventures in Wonderland》

21 《위대한 개츠비 The Great Gatsby》

22 세르반테스(Saavedra), 《돈키호테》

23 《파우스트 Faust》

24 마크 트웨인(Mark Twain)

25 《동물농장》, 조지 오웰(George Orwell)

26 《멋진 신세계 Bravo New World》

27 《100년 동안의 고독 One Hundred Years of Solitude》

28 단테(Dante)

29 알베르 카뮈(Albert Camus), 《이방인》

30 《레베카 Rebecca》

테스트 결과 분석 | 만점 30점

- **25~30점** : 탁월하다. 적어도 천재처럼 말할 수 있겠다!
- **20~24점** : 문학에 대해 넓은 식견을 가지고 있다.
- **15~19점** : 나쁘진 않지만 뛰어나지는 않다.
- **10~14점** : 보통이다.
- **10점 미만** : 문학 지식이 부족한 편이다.

TEST 3 음악 지식 테스트

01 〈4분 33초〉

02 〈로맨틱 The Romantic〉

03 〈푸가의 기법 The Art of Fugue〉

04 〈저주받은 사냥꾼 Le Chasseur Maudit〉

05 레오스 야나첵(Leos Janacek)

06 〈베니스의 죽음 Death in Venice〉

07 〈투란도트 Turandot〉

08 맨프레드(Manfred)

09 파파게노(Papageno)

10 No. 45

11 호아킨 로드리고(Joaquin Rodrigo)

12 〈아이다 Aida〉

13 로렌초 다 폰테(Lorenzo da Ponte)

14 타티아나(Tatyana)

15 베토벤(Beethoven)과 체르니(Czerny)

16 〈하프너 교향곡 Haffner〉

17 7곡

18 제2곡 〈블타바 Vltava〉

19 리하르트 슈트라우스(Richard Georg Strauss)

20 〈아이다 Aida〉

21 피차로(Pizarro)

22 〈풀치넬라 Pulcinella〉

23 〈봄 Spring〉

24 슈베르트(Franz Schubert)

25 〈뉘른베르크의 명가수 The Meistersinger von Nurnberg〉

26 〈짐노페디 Gymnopedie〉

27 드보르자크(Antonin Dvorak)

28 라벨(Maurice Joseph Ravel)

29 〈리골레토 Rigoletto〉

30 로돌포

테스트 결과 분석 | 만점 30점

- **25~30점 :** 탁월하다. 아직 작품을 한 편도 내놓지 못했겠지만 천재 의 작품들에 관해 아주 많이 알고 있다.
- **20~24점 :** 훌륭한 편에 속한다. 쉽지 않은 문제인데도 꽤 좋은 성적 을 거두었다.
- **15~19점 :** 음악을 특별히 좋아하지는 않지만 그렇더라도 음악 상 식이 떨어지는 편은 아니다.
- **10~14점 :** 약간만 공부하면 향상될 듯싶다. 이 분야의 지식이 부족 하긴 하지만 노력하면 얼마든지 향상을 꾀할 수 있다.
- **10점 미만 :** 음악에 관심이 없더라도 기본 교양으로 익히길 바란다.

TEST 4 철학 지식 테스트

01 아리스토텔레스(Aristotle)

02 피터 아벨라르(Peter Abelard)

03 인식론(Epistemology)

04 온톨로지(Ontology)

05 데카르트(Descartes)

06 윤리학(Ethic)

07 칸트(Kant)

08 플라톤(Plato)

09 쾌락주의(Hedonism)

10 실존주의(Existentialism)

11 변증법(Dialectic)

12 촘스키(Chomsky)

13 시니시즘(Cynicism)

14 경험주의(Empiricism)

15 흄(Hume)

16 공자

17 라이프니츠(Leibniz)

18 로크(Locke)

19 스피노자(Spinoza)

20 스토아학파(Stoicism)

21 현상학(Phenomenology)

22 장 보드리야르(Jean Baudrillard)

23 러셀(Russell)

24 논리실증주의(Logical Positivism)

25 상대주의(Relativism)

26 마이모니데스(Maimonides)

27 불(Boole)

28 마르크스(Marx)

29 데리다(Derrida)

30 관념론(Idealism)

테스트 결과 분석　　　　　　　　| 만점 30점

- **25~30점** : 총명하기 그지없다! 이 분야에서의 지식 수준은 단연 상위 1%에 속한다. 천재가 되고 싶다면 철학 분야에서 경력을 쌓는 것도 좋을 것 같다.

- **20~24점** : 아주 훌륭하다. 이 철학 분야의 지식이 상당히 뛰어나며, 중요한 철학 개념을 대부분 소화하고 있다.

- **15~19점** : 나쁘진 않지만 좀더 공부할 필요가 있다.

- **10~14점** : 철학 이론이나 철학자 이름 정도는 알아두자.

- **10점 미만** : 철학 책을 한 권이라도 읽어보자. 생각보다 재밌을지도 모른다.

TEST 5 과학 지식 테스트

01 Deoxyribonucleic acid(디옥시리보 핵산)

02 적혈구

03 Light Amplification by Stimulated Emission of Radiation(유도 방출복사에 의한 빛의 증폭)

04 커다란 핵이 두 개 이상의 작은 핵으로 쪼개지는 과정

05 시간이 느리게 간다.

06 최종 결과가 초기 조건에 의해 결정되는 체계

07 시선속도 방법

08 Grand United Theory(대통합 이론)와 Theory of Everything(만물 이론)

09 젖산

10 호흡 작용

11 초당 60회(미국의 전류 단위는 60Hz이다.)

12 자철석

13 휘어진다.

14 밀리 시버트(mSv)

15 루시

16 마리 퀴리(Marie Curie)

17 당

18	로버트 훅(Robert Hooke)
19	99.8%
20	인간의 정자
21	−273.17도
22	1도의 1/10억도 안팎
23	6천5백만 년 전
24	참
25	뉴런
26	살아 있는 세포 내에서만 증식이 가능하다.
27	참
28	아니다. 헬륨은 석유와 천연 기체에 들어 있다.
29	전자기파가 형성된다.
30	적외선 복사

테스트 결과 분석 | 만점 30점

- **25~30점**: 현대 과학 이론에 대해 해박한 지식을 가지고 있다. 과학에 소질이 있는 것이 분명하다. 꾸준히 훈련하면 능력을 최대한으로 끌어 올릴 수 있다.

- **20~24점**: 현대 과학에 조예가 깊지만 아직 배울 점이 많다. 과학에 매력을 느끼고 있고, 소질도 있으니 분발하기 바란다.

- **15~19점**: 과학 지식이 보통인 편이다. 이 정도 수준이면 다른 분야의 배경 지식으로는 유용할 수 있지만 과학을 직업으로 삼는 것은 고

민해보자.

- **10~14점** : 과학 지식이 부족한 편이다. 다른 테스트들을 해보면서 좀더 적합한 분야를 찾기 바란다.

- **10점 미만** : 쉬운 과학 책부터 펼쳐보는 건 어떨까?

TEST 1 과단성 테스트 채점표

	a	b	c		a	b	c		a	b	c
1	3	2	1	11	2	3	1	21	3	1	2
2	3	2	1	12	1	2	3	22	1	3	2
3	2	1	3	13	2	3	1	23	1	2	3
4	1	2	3	14	2	3	1	24	3	1	2
5	1	2	3	15	3	1	2	25	3	1	2
6	3	2	1	16	3	1	2				
7	1	3	2	17	2	3	1				
8	2	3	1	18	1	3	2				
9	1	3	2	19	3	1	2				
10	3	2	1	20	1	3	2				

테스트 결과 분석 | 만점 75점

- **70~75점** : 자기주장이 매우 강하며 사람들 앞에서 자기 의견을 당당하게 개진한다. 그렇다고 해서 천재가 되는 것은 아니지만 천재의 소질을 가지고 있으며 적어도 무시당할 염려는 없다. 너무 직선적이라 사람들을 당황하게 만들 수도 있지만 천재 경진 대회에서는 그런 성격이 이점으로 작용한다.

- **65~69점** : 자기주장이 꽤 강하며 자신의 의견을 대체로 쉽게 관철시키는 편이다. 하지만 천재로 인정받으려면 좀더 강력하게 밀고 나가야 할 필요가 있다. 천재 사회는 진입 장벽이 높기 때문에 과단성이 필수 조건이다.

- **45~64점** : 너무 착하다. 모질어질 필요가 있다. 지금 상태로는 아무도 여러분의 말을 심각하게 받아들이지 않는다.

- **44점 미만** : 자신이 속한 집단에서 의견을 표출하지 못해 피해를 볼 수도 있다.

TEST 2 오만 테스트 채점표

	a	b	c		a	b	c		a	b	c
1	1	3	2	11	1	3	2	21	2	1	3
2	3	1	2	12	3	1	2	22	1	2	3
3	2	1	3	13	1	2	3	23	3	2	1
4	3	2	1	14	2	1	3	24	1	3	2
5	1	2	3	15	1	2	3	25	3	1	2
6	3	1	2	16	3	1	2				
7	1	3	2	17	1	2	3				
8	3	1	2	18	3	1	2				
9	1	2	3	19	2	1	3				
10	3	1	2	20	1	2	3				

테스트 결과 분석　　　　　　　　　　　　　| 만점 75점

- **70~75점** : 이런 책은 읽지 않을 정도로 대단히 오만하다. 또한 자신이 오만하다는 것을 잘 알고 있다.

- **65~69점** : 이 분야에서 천재 수준에 속한다. 상당히 오만하지만 눈에 거슬릴 만큼은 아니다.

- **45~64점** : 오만하다는 게 뭔지 잘 이해하지 못한다. 오만하기에는 마음이 너무 좋다.

- **44점 미만** : 천재 게임을 하기에는 지나치게 착하다.

TEST 3 카리스마 테스트 채점표

	a	b	c		a	b	c		a	b	c
1	3	1	2	11	3	1	2	21	3	2	1
2	1	2	3	12	2	1	3	22	1	3	2
3	3	1	2	13	3	1	2	23	2	1	3
4	1	2	3	14	2	3	1	24	3	2	1
5	2	1	3	15	1	2	3	25	1	2	3
6	1	2	3	16	2	1	3				
7	3	2	1	17	2	1	3				
8	1	2	3	18	2	1	3				
9	1	2	3	19	1	3	2				
10	3	1	2	20	3	1	2				

테스트 결과 분석 | 만점 75점

- **70~75점** : 엄청난 카리스마를 가지고 있다. 좋은 의미에서든 나쁜 의미에서든 사람들에게 영향력이 아주 강하다.

- **65~69점** : 카리스마가 상당히 강한 편이라 사람들에게 여러분이 천재라는 인식을 쉽게 심어줄 수 있을 것이다. 영향력이 꽤 강하다.

- **45~64점** : 사람들 사이에서 인상이 좋은 편이다. 사람들은 여러분의 의견을 참을성 있게 듣지만 결국은 사실을 기준으로 마음을 결정한다.

- **44점 미만** : 카리스마라는 단어와 거리가 멀다.

TEST 4 개념화 능력 테스트 채점표

	a	b	c		a	b	c		a	b	c
1	3	1	2	11	3	2	1	21	3	1	2
2	3	1	2	12	1	2	3	22	1	2	3
3	3	1	2	13	2	1	3	23	3	1	2
4	2	3	1	14	3	1	2	24	2	1	3
5	3	2	1	15	1	3	2	25	3	2	1
6	3	1	2	16	1	2	3				
7	1	3	2	17	3	2	1				
8	3	2	1	18	1	2	3				
9	2	1	3	19	2	1	3				
10	1	3	2	20	1	2	3				

테스트 결과 분석 | 만점 75점

- **70~75점** : 거의 모든 일을 개념 중심으로 생각한다. 원래 실용성과
는 거리가 멀고, 또 신경 쓰지도 않는다. 늘 추상적인 개념과 씨름하
며 지내느라 실용성은 안중에도 없다. 실수를 범하지 않는 한 분명
천재의 소질을 가지고 있다.

- **65~69점** : 개념 중심으로 사고하는 경향이 강하지만 삶의 실용적
인 측면을 완전히 무시하지는 않는다. 실험 정신이 강할 뿐만 아니라
실천력도 어느 정도 있다. 다른 사람에게 일이 돌아가는 경위를 설명
할 수 있다. 천재의 소질을 꽤 많이 가지고 있긴 하지만 제대로 발휘
하지 못할 경우 좋은 결과를 얻기 힘들다.

- **45~64점** : 천재가 되기에는 실용성을 너무 따진다. 퓨즈를 갈아 끼
우거나 비디오를 작동하는 데에는 아무 문제가 없다.

- **44점 미만** : 개념화 능력이 없다고 봐야 한다. 훈련을 통해 길러보자.

TEST 5 통제력 테스트 채점표

	a	b	c		a	b	c		a	b	c
1	3	2	1	11	2	1	3	21	3	2	1
2	1	2	3	12	1	2	3	22	3	2	1
3	2	1	3	13	1	3	2	23	3	1	2
4	1	3	2	14	1	2	3	24	3	2	1
5	1	3	2	15	3	1	2	25	3	2	1
6	3	1	2	16	2	1	3				
7	1	2	3	17	2	1	3				
8	3	1	2	18	2	1	3				
9	1	2	3	19	3	2	1				
10	2	1	3	20	1	2	3				

테스트 결과 분석 | 만점 75점

- **70~75점** : 스스로 방향을 잡아나가는 능력이 아주 뛰어나다. 이런 점은 천재가 되기 위한 여정에서 상당히 많은 도움이 될 것이다. 다른 사람들이 다소 거리를 두면서 약간 건방지다고 생각할 수도 있지만 대개는 여러분에게 기꺼이 책임을 맡긴다. 그러거나 말거나 여러분은 자신이 가장 잘 안다고 생각한다.

- **65~69점** : 자신의 삶을 확실히 책임지고 있다. 자신에게 가장 최선이 뭔지를 결정할 때 행운이나 운명, 정부 따위에 전혀 연연하지 않는다. 하지만 아무리 원한다 하더라도 어쩔 수 없는 경우가 있다는 걸 인정한다.

- **45~64점** : 자신의 삶을 책임진다는 말을 제대로 이해하지 못한다. 천재 경진 대회에서 좋은 성적을 거두기에는 외부 도움에 지나치게 의존적이다.

- **44점 미만** : 일상의 작은 부분부터 스스로 선택해보자.

TEST 6 만족을 유보할 수 있는 능력 테스트 채점표

	a	b	c		a	b	c		a	b	c
1	3	1	2	11	2	3	1	21	2	3	1
2	2	3	1	12	1	2	3	22	3	1	2
3	3	1	2	13	2	1	3	23	1	3	2
4	2	3	1	14	2	1	3	24	1	3	2
5	1	2	3	15	1	2	3	25	3	2	1
6	3	2	1	16	3	2	1				
7	3	1	2	17	1	3	2				
8	1	3	2	18	2	1	3				
9	3	1	2	19	1	3	2				
10	1	2	3	20	1	3	2				

테스트 결과 분석 | 만점 75점

- **70~75점** : 만족을 유보하는 데 아무 문제가 없다. 이 분야에서 단연 1등이라고 할 수 있다. 정말 원하는 일이 있으면 영원히 기다릴 수도 있다.

- **65~69점** : 기다리는 데 별로 무리가 따르지는 않지만 인내심에 약간 한계가 있다. 하지만 천재의 자격을 갖추는 데 필요한 만큼은 충분히 참을 수 있다.

- **45~64점** : 보통 수준이다. 사실 좀 더 고려하는 게 도움이 될 수도 있는 경우에 섣불리 판단하는 경향이 있다. 일이 돌아가는 대로 가만히 지켜보는 여유가 필요하다.

- **44점 미만** : 아직 결과가 다 나온 것이 아니므로 섣불리 판단하지 말기 바란다!

TEST 7 결단력 테스트 채점표

	a	b	c		a	b	c		a	b	c
1	3	1	2	11	1	2	3	21	3	2	1
2	3	1	2	12	1	2	3	22	1	2	3
3	2	3	1	13	2	1	3	23	3	2	1
4	3	2	1	14	3	1	2	24	1	3	2
5	3	2	1	15	3	2	1	25	3	1	2
6	2	3	1	16	1	2	3				
7	3	2	1	17	3	1	2				
8	1	2	3	18	1	3	2				
9	1	2	3	19	1	2	3				
10	1	3	2	20	3	2	1				

테스트 결과 분석 　　　　　　　　　　　　　| 만점 75점

- **70~75점** : 무시무시할 정도로 결단력이 강하다. 성공하는 데에는 그런 무자비한 성격이 도움이 되겠지만 주변에 친구가 없다. 가만, 천재가 언제 친구를 필요로 했던가? 여러분에게는 일이 전부다.

- **65~69점** : 결단력이 강하고, 자기 자신을 세게 몰아붙인다. 일 외의 다른 것에 완전히 무심하지는 않지만 따로 시간을 할애하기가 쉽지 않다.

- **45~64점** : 스스로를 꽤 채찍질하는 편이지만 다른 사람들과 어울릴 필요도 있다고 생각한다. 그런 부드러운 성격 때문에 사람들이 사이에서 인기가 높은 편이다. 하지만 천재에게 필요한 추진력은 없을 확률이 높다.

- **44점 미만** : 어떤 작은 일이라도 결정을 내리고 실행해보길 바란다.

TEST 8 열정 테스트 채점표

	a	b	c		a	b	c		a	b	c
1	3	1	2	11	3	1	2	21	2	3	1
2	1	2	3	12	1	2	3	22	3	2	1
3	3	1	2	13	2	1	3	23	1	3	2
4	3	1	2	14	3	2	1	24	3	2	1
5	1	2	3	15	2	1	3	25	3	2	1
6	3	1	2	16	3	1	2				
7	1	2	3	17	1	3	2				
8	3	2	1	18	3	2	1				
9	3	1	2	19	1	2	3				
10	1	2	3	20	2	3	1				

테스트 결과 분석 | 만점 75점

- **70~75점** : 열정에 관한 한 최고 수준이다. 이 정도 열정이면 천재가 직면하는 역경을 헤쳐 나가기에 충분하다.

- **65~69점** : 열정에 관한 한 아주 잘하고 있다. 하지만 한편으로는 인생의 어두운 면도 본다. 적어도 대부분의 사람들이 어떻게 느끼는지 알고 있다!

- **45~64점** : 열정이 그리 많지 않다. 다른 특징이 이를 상쇄하도록 희망을 품어보자.

- **44점 미만** : 당신의 열정을 깨울 무언가를 찾아보자.

TEST 9 집단 의존도 테스트 채점표

	a	b	c		a	b	c		a	b	c
1	3	1	2	11	1	3	2	21	2	1	3
2	1	2	3	12	1	2	3	22	1	3	2
3	1	3	2	13	1	2	3	23	3	1	2
4	1	2	3	14	3	1	2	24	1	3	2
5	1	2	3	15	1	2	3	25	3	1	2
6	3	2	1	16	3	2	1				
7	3	2	1	17	3	1	2				
8	3	2	1	18	2	1	3				
9	1	2	3	19	1	2	3				
10	3	1	2	20	1	2	3				

테스트 결과 분석 | 만점 75점

- **70~75점** : 다른 사람을 필요로 하지도 않거니와 다른 사람들과의 관계나 그들의 의견을 높이 사지도 않는다. 인기가 없을 수도 있지만 개의치 않는다. 천재들에게 흔히 나타나는 것처럼 자기중심적이다. 총을 들이댄다면 모를까, 그렇지 않고서는 아무도 여러분의 일을 방해하지 못한다.

- **65~69점** : 혼자 지내면서 매우 행복해하며, 다른 사람들을 그렇게 많이 필요로 하지 않는다. 하지만 은자가 아니기 때문에 다른 사람들에게 완전히 무심하지 못한다. 필요할 경우 다른 사람들을 멀리하는 데 별 어려움이 없지만 사람들과 어떻게 관계를 맺어야 하는지도 잘 알고 있다.

- **45~64점** : 사람들에 대한 의존도가 상당히 높다. 혼자 있는 시간을 썩 좋아하지 않으며 가족, 친구, 동료들의 사랑과 격려를 필요로 한다.

- **44점 미만** : 천재가 되기에는 자립심이 턱없이 부족하다.

TEST 10 영감 테스트 채점표

	a	b	c		a	b	c		a	b	c
1	3	1	2	11	1	2	3	21	1	2	3
2	1	2	3	12	1	3	2	22	1	3	2
3	3	2	1	13	2	3	1	23	1	2	3
4	1	3	2	14	2	3	1	24	3	2	1
5	3	2	1	15	2	3	1	25	1	2	3
6	1	3	2	16	3	2	1				
7	3	2	1	17	1	2	3				
8	2	1	3	18	3	1	2				
9	3	2	1	19	3	2	1				
10	1	2	3	20	3	1	2				

테스트 결과 분석 | 만점 75점

- **70~75점** : 영감이 매우 강한 편이다. 늘 아이디어가 샘솟아서 그저 퍼 올리기만 하면 된다.

- **65~69점** : 영감의 흐름이 꾸준하다. 그 흐름이 원활하지 않을 때도 더러 있지만 대체로는 괜찮은 편이다.

- **45~64점** : 아이디어를 떠올리려면 머리를 싸매야 한다. 뭐든 쉽게 나오지 않기 때문에 언젠가 영감이 완전히 바닥날지도 모른다는 두려움을 종종 느낀다.

- **44점 미만** : 아무리 노력해도 아이디어가 쉽게 떠오르지 않는다.

TEST 11 강박증 테스트 채점표

	a	b	c		a	b	c		a	b	c
1	3	2	1	11	3	2	1	21	3	1	2
2	1	3	2	12	1	2	3	22	3	2	1
3	1	3	2	13	1	2	3	23	3	1	2
4	1	2	3	14	3	1	2	24	3	1	2
5	3	1	2	15	3	2	1	25	3	1	2
6	1	2	3	16	3	2	1				
7	3	1	2	17	1	2	3				
8	3	1	2	18	3	1	2				
9	1	2	3	19	3	1	2				
10	3	1	2	20	1	3	2				

테스트 결과 분석 | 만점 75점

- **70~75점** : 천재가 되는 데 필요한 강박증을 가지고 있지만 강박증이 정신병으로 이어지지 않도록 주의하기 바란다.

- **65~69점** : 강박증이 꽤 심한 편이긴 하지만 나머지 문제에 완전히 눈을 감아버릴 정도는 아니다. 어떤 일에 외곬으로 너무 몰두하다 보면 위험할 수도 있다는 점을 잘 알고 있다.

- **45~64점** : 어떤 주제에 대해서는 강박증의 정도가 상당히 심하긴 하지만 마음을 써야 할 다른 일도 많다는 것을 아주 잘 알고 있다.

- **44점 미만** : 강박증이 적당히 있는 편이다.

TEST 12 자아상 테스트 채점표

	a	b	c		a	b	c		a	b	c
1	3	1	2	11	1	2	3	21	3	2	1
2	1	3	2	12	3	1	2	22	1	3	2
3	2	3	1	13	1	3	2	23	3	1	2
4	2	1	3	14	1	2	3	24	3	1	2
5	3	1	2	15	3	1	2	25	3	2	1
6	1	2	3	16	1	2	3				
7	1	2	3	17	3	1	2				
8	3	1	2	18	3	1	2				
9	3	1	2	19	1	3	2				
10	3	1	2	20	3	2	1				

테스트 결과 분석 | 만점 75점

- **70~75점** : 스스로에게 만족하고 있으며, 자신의 가치를 아주 잘 알고 있다.

- **65~69점** : 자기 회의로 고민하진 않지만 자신이 늘 옳지만은 않다는 것을 알 만큼 영리하다.

- **45~64점** : 천재에게 필요한 자기 확신이 많이 부족하다.

- **44점 미만** : 스스로를 낮게 평가하고 있다.

TEST 13 비전 테스트 채점표

	a	b	c		a	b	c		a	b	c
1	3	2	1	11	3	2	1	1	3	2	1
2	1	3	2	12	1	3	2	22	3	1	2
3	1	3	2	13	1	3	2	23	1	2	3
4	1	2	3	14	2	1	3	24	1	2	3
5	1	2	3	15	3	1	2	25	1	2	3
6	3	1	2	16	1	3	2				
7	3	1	2	17	1	2	3				
8	1	3	2	18	2	1	3				
9	3	1	2	19	3	2	1				
10	1	3	2	20	2	1	3				

테스트 결과 분석 | 만점 75점

- **70~75점** : 진정으로 비전을 갖춘 사색가라고 할 수 있다. 그리고 자신의 비전을 완전히 믿는다. 이는 천재에게 아주 중요한 부분이다.

- **65~69점** : 자신의 비전에 대해 자신감이 매우 강하긴 하지만 자기 회의로부터 완전히 자유롭지는 못하다.

- **45~64점** : 천재에게 필요한 비전 제시 능력이 많이 부족하다. 아이디어를 꽤 가지고 있지만 메이저 리그에 진출할 수준은 못 된다.

- **44점 미만** : 비전을 꿈꾸는 훈련을 시작해보자.

Traning 1 교활한 삼각형

01 14

삼각형의 꼭대기를 시작으로 시계 방향으로 모서리에 있는 숫자 세 개를 각각 A, B, C라 할 때, A, B, C를 모두 더하면 삼각형 중앙에 들어갈 숫자가 나온다.

02 12

공식은 $(A \times B) - C$이므로 $(2 \times 7) - 2 = 12$.

03 16

이치는 동일하게 A+B+C이지만 답은 다음 오른쪽 삼각형에서 찾아야 한다. 맨 끝에 있는 삼각형에 이를 경우 다음 답은 첫 번째 삼각형에서 구해야 한다.

04 9

삼각형을 각기 떼어놓고 보지 말고 전체를 하나로 묶어서 생각해야 답이 나온다. 즉 A+A+A가 첫 번째 삼각형의 합(18)이고, B+B+B가 두 번째 삼각형의 합(14)이다. 따라서 세 번째 삼각형의 합은 C+C+C=9가 된다.

05 V

각 문자는 알파벳상의 순서에 해당하는 숫자를 값으로 지닌다. 즉 A=1, Z=26이다. 공식은 $(A \times 2) + (B + C)$다.

B

이번 공식은 (A+B)÷C다.

M

이번에는 각 문자가 알파벳상의 역순서에 해당하는 숫자를 값으로 지닌다. 즉 A=26, Z=1이다. 공식은 A+B−C다.

28

공식은 (A×2)+(B×2)−C다.

N

이번에는 계산 문제가 아니다. 답은 마크 트웨인(Mark Twain)의 이름이다. 따라서 N이 빠져 있다.

A

아인슈타인(Einstein)의 이름을 이루는 문자가 삼각형을 둘러싸고 있다. 따라서 알베르트(Albert)에 해당하는 A가 빠져 있다.

Traning 2 미궁의 원

11

각 칸의 바깥쪽에 있는 두 숫자를 더하면 대각선으로 마주보고 있는 칸의 중앙에 있는 숫자가 나온다.

물음표 자리에는 맞은편 칸에 바깥쪽 두 숫자 5와 6을 더한 값이 와야 한다.

12 8

각 칸의 바깥쪽에 있는 두 숫자를 더하면 중앙에 있는 숫자가 나온다.

13 14

각 칸의 바깥쪽에 있는 두 숫자를 곱하면 시계 방향으로 그다음 칸의 중앙에 있는 숫자가 나온다.

14 10

각 칸의 바깥쪽에 있는 두 숫자를 더하면 시계 방향으로 다음 두 번째 칸의 중앙에 있는 숫자가 나온다.

15 12

각 칸의 바깥쪽에 있는 두 숫자 중 큰 숫자에서 작은 숫자를 뺀다. 거기에 2를 곱해 반시계 방향으로 다음 두 번째 칸의 중앙에 배치한다.

16 6

각 칸의 바깥쪽에 두 숫자를 더해 중앙에 배치한다. 단, 두 자리 숫자라면 한 자리 숫자로 각각 분리해서 더한다.

예를 들어 바깥쪽에 2와 10이 있는 조각은 중앙에 3(2+1+0), 바깥쪽에 5와 11이 있는 조각은 중앙에 7(5+1+1)이 온다.

Traning 3 혼돈의 행렬

17

C	D	B
A	C	D
B	A	C

`A C D B` 조합이 왼쪽에서 오른쪽으로 격자 전체를 가로지르며 반복된다.

18

3	4	1
4	3	2
1	2	3

`1 4 3 2` 조합이 맨 위 왼쪽에서 출발해 위에서 아래로 내려가고, 아래에서 위로 올라가면서 지그재그 방향으로 반복된다.

19

P	F	F
X	P	A
L	L	L

`F X A L P` 조합이 맨 위 왼쪽에서 출발해 대각선 방향으로 반복된다.

20

B	X	B
B	Z	X
X	T	Z

'Z T A B X' 조합이 맨 위 왼쪽에서 출발해 안쪽을 향해 나선 방향으로 반복된다.

21

B	V	P
P	V	V
U	A	V

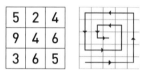

'P V A B C T U V' 조합이 맨 위 왼쪽에서 출발해 대각선 방향으로 반복된다.

22

5	2	4
9	4	6
3	6	5

'3 2 4 6 5 9' 조합이 맨 아래 왼쪽에서 반시계 방향으로 나선을 이루며 반복된다.

Traning 4 논리 비틀기

23 세 남자는 수사다. 두 형제는 이제 막 수사회에 입회했고, '아버지'는 수도원장이다.

24 어제, 오늘, 그리고 내일

25 할아버지는 생명 유지 장치를 달고 있었다. 알고 보니 시계도 같은 회로에 연결되어 있었다. 오전 12시 13분에 동력이 나갔고, 둘

다 멈춰버렸다. 비상 발전기가 가동되기 전 할아버지는 세상을 떠났다.

26 찰리는 눈뭉치를 던졌다. 유리창을 깨고 거실로 날아든 눈뭉치는 양탄자 위로 흩어졌다. 난방 장치가 가동되고 있어 사방에 흩어져 있던 눈뭉치는 녹고, 양탄자는 깨끗이 말랐다.

27 운전자는 제어 능력을 잃은 순간 언덕 꼭대기에서 이미 차에서 뛰어내렸다. 까지고 멍든 상처는 굴러 떨어지면서 생긴 것이다. 그가 사고 현장에 있었던 이유는 서류가방을 꺼내기 위해서였다.

28 그는 BC 1958년에 부상을 당했고, BC 1957년 사망했다.

29 현명한 셋째 아들은 초와 성냥 한 상자를 사 왔다. 그가 초에 불을 밝히자 방 전체가 빛으로 가득 찼다.

30 먼저 두 아이가 배를 타고 강 반대편으로 건너간다. 한 아이가 배를 타고 돌아오면, 어른 한 명이 배를 타고 강 반대편으로 건너간다. 강 반대편에서 남은 한 아이가 배를 타고 돌아온다.
다시 두 아이가 배를 타고 강 반대편으로 건너간다. 한 아이가 배를 타고 돌아오면 어른 한 명이 배를 타고 강 반대편으로 건너간다. 강 반대편에서 한 아이가 배를 타고 돌아오면, 마지막으로 두 아이가 함께 강을 건넌다. 이렇게 하면 심슨 가족 모두 강을 건널 수 있다.

31 베키네 가족은 유대인이다. 유대인의 안식일은 일요일이 아니라 토요일이다. 사고는 일요일에 일어났고, 사상자는 모두 행인들이었다.

'데니'이다. 그가 넷째다.

Traning 5 뇌를 쥐어짜는 피라미드

33 I

알파벳은 각각의 큰 삼각형 안에서 그림처럼 맨 위 삼각형에서 출발해 아래 오른쪽 삼각형, 아래 왼쪽 삼각형, 중앙에 역삼각형 순으로 이동하는데, 9칸씩 앞으로 이동한다. 그러므로 세 번째 삼각형에서 물음표 자리에 올 문자는 Z에서 9칸 앞으로 이동한 I가 된다.

34 N

알파벳은 각각의 큰 삼각형 안에서 그림처럼 맨 아 래 오른쪽 삼각형에서 출발해, 중앙에 역삼각형, 아 래 왼쪽 삼각형, 맨 위 삼각형 순으로 이동하는데, '앞으로 3칸 – 뒤로 1칸 – 앞으로 3칸'씩 이동한다. 그러므로 세 번째 삼각형에서 물음표 자리에 올 문자는 K에서 3칸 앞으로 이 동한 N이 된다.

35 J

첫 번째 큰 삼각형의 맨 위 삼각형 G에서 시작해서 5 칸씩 앞으로 그림과 같은  순서로 이동한다. 그러므로 세 번째 삼각형에서 물음표 자리에 올 문자는 E에서 5칸 앞으로 이동한 J가 된다.

36 O

첫 번째 큰 삼각형의 중앙
에 있는 역삼각형 H에서 시
작해서 그림과 같은 순서로

이동하는데, 알파벳상 3칸씩 앞으로 이동한다. 그러므로 세 번째
삼각형에서 물음표 자리에 올 문자는 L에서 3칸 앞으로 이동한
O가 된다.

37 S

첫 번째 큰 삼각형의 맨 위
삼각형 A에서 시작해서 그
림과 같은 순서로 이동하는

데, 알파벳상 4칸 앞으로 이동한다. 그러므로 세 번째 삼각형에서
물음표 자리에 올 문자는 O에서 4칸 앞으로 이동한 S가 된다.

38 E

주의 깊게 살펴보면 첫 번
째 큰 삼각형의 맨 위 삼각
형 W에서 시작해서 'W.

Shakespeare'라는 단어가 그림과 같은 순서로 이동한다. 그러므로
세 번째 삼각형에서 물음표 자리에는 윌리엄 셰익스피어의 마지
막 철자 'E'가 들어가야 된다.

39 C

고대 로마에서는 'I, V, X, L, C, D, M'의 알파벳 7개에 특정한
수를 부여해 사용했다. 7개의 알파벳에 부여된 수는 I=1, V=5,
X=10, L=50, C=100, D=500, M=1000이다. 수를 쓸 때는 큰
수부터 작은 수 순서대로 쓴다. 두 자릿수 이상의 수는 5의 배

수 앞에 오는 수를 5의 배수에서 빼서 표기했다. 즉 IV=4, IX=9, XL=40, XC=90, CD=400, CM=900이 된다. 이 문제는 아라비아 숫자 대신 사용한 'I, V, X, L, C, D, M'이 다음 그림과 같은 순서로 반복된다.

Traning 6 공포의 사각형

40 13

사각형을 기준으로 시계 방향으로 돌아가면서 상단 왼쪽의 숫자가 A, 상단 오른쪽이 B, 하단 오른쪽이 C, 하단 왼쪽이 D라고 할 때 $(A^2+D)-(B+C)$의 공식이 성립한다.

41 10

$(A^2+C^2)-(D^2+B^2)$의 공식이 성립한다.

42 16

1번 사각형에는 A+A+A+A(9+2+4+6)이, 2번 사각형에는 B+B+B+B(3+8+5+4)가, 3번 사각형에는 C+C+C+C(6+3+9+7), 4번 사각형에는 D+D+D+D(4+7+2+3)이 들어간다.

43 34

$(A+D)-(B^2-C)$ 의 공식이 성립한다.

44 33

1번 사각형의 A~D까지 더한 값(3+4+5+10)은 3번 사각형 안에, 2번 사각형의 A~D까지 더한 값(6+13+2+12)은 4번 사각형 안에, 3번 사각형의 A~D까지 더한 값(4+6+14+8)은 1번 사각형 안에, 4번 사각형의 A~D까지 더한 값(9+3+10+7)은 2번 사각형 안에 들어간다.

45 23

각각의 사각형에서 $(A \times C) - (B+D)$의 값이 다음에 오는 사각형 안에 들어간다.

46 42

1번 사각형의 $A^2 - B + C^2 - D$의 값은 4번 사각형 안에, 2번 사각형의 $A^2 - B + C^2 - D$의 값은 3번 사각형 안에, 3번 사각형의 $A^2 - B + C^2 - D$의 값은 2번 사각형 안에, 4번 사각형의 $A^2 - B + C^2 - D$의 값은 1번 사각형 안에 들어간다.

47 20

$(A+B+C-D) \times 2$의 공식이 성립한다.

Traning 7 격자 수수께끼

48

점이 맨 위 왼쪽에서부터 시계 방향으로 나선을 이루며 각 칸을 돌아다닌다.

49

점이 맨 윗줄에서부터 맨 위 왼쪽, 맨 아래 오른쪽, 맨 아래 왼쪽, 중앙, 맨 위 오른쪽 순으로 이동한다.

50

맨 위 왼쪽에서부터 시계 방향으로 나선을 그리며 칸이 변할 때마다 마주보는 두 개의 점이 시계 방향으로 움직이고 있다. 이때 점은 두 개 중 하나만 보이며, 진행 방향이 바뀔 때마다 보이는 점이 달라진다.

51 월과 계절에 해당하는 영단어의 머리글자가 나선 방향으로 회전한다.

52 **2002년 한일 월드컵 16강전에 오른 16개국의 머리글자.**
덴마크(Denmark), 세네갈(Senegal), 스페인(Spain), 파라과이(Para-guay), 브라질(Brazil), 터키(Turkey), 대한민국(Korea), 미국(U.S), 독일(Germany), 아일랜드(Ireland), 스웨덴(Sweden), 잉글랜드(England), 멕시코(Mexico), 이탈리아(Italia) , 일본(Japan), 벨기에(Belgium)

Traning 8 프로크루스테스의 침대

53

54

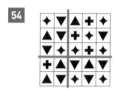

55 세 개의 빈칸 모두 ◐ 모양이 들어가면 된다. 모양은 각각 다음의 값을 갖는다.

◑ =1, ◐ =5, ◓ =3, ◒ =8

56 맨 왼쪽에서 시작해 시계 방향으로 돌아가며 첫 번째 조각에는 ◢, 두 번째 조각에는 ◢ 과 ◣, 네 번째 조각에는 ◢ 이 들어가면 된다. 모양은 각각 다음의 값을 갖는다.

◢ =4, ◢ =12, ◣ =6, ◹ =2

57 ⊂▷ = 4, ▶▷ = 16, ◁▷ = 8, ⊂▷ = 20

♠=3, ♣=4, ♥=7, ♦=1

Traning 9 살인적인 별

59 F

클린턴을 기준으로 그 전에 재직했던 미국 대통령들의 이름이다. 클린턴(Clinton), 부시(Bush), 레이건(Reagan), 카터(Carter), 포드 (Ford) 순이다.

60 A

레닌을 필두로 소련의 지도자들 이름이다. 레닌(Lenin), 스탈린 (Stalin), 흐루시초프(Khrushchyov), 브레즈네프(Brezhnev), 안드 로포프(Andropov) 순이다.

61 D

구약성서 처음 다섯 권의 책 머리글자들이다. 창세기(Genesis), 출 애굽기(Exodus), 레위기(Leviticus), 민수기(Numbers), 신명기(Deu teronomy) 순이다.

62 ND

캐나다와 국경을 이루는 미국 5개 주의 머리글자들이다. 워싱턴 (Washington), 아이다호(Idaho), 몬태나(Montana), 노스다코다 (North Dakota) , 미네소타(Minnesota) 순이다.

63 I

요일을 가리키는 단어의 세 번째 글자들이다. Monday, Tuesday,

Wednesday, Thursday, Friday 순이다.

64 G

컴퓨터에 사용되는 데이터 단위이다. 크기 순서대로 나열하면 비트(bit), 바이트(byte), 킬로바이트(kilobyte), 메가바이트(megabyte), 기가바이트(gigabyte)다.

65 Y

월을 가리키는 단어의 마지막 글자들이다. January, February, March, April, May 순이다.

66 II

영국의 초대 왕 5명의 이름 머리글자들이다. 윌리엄 1세(William I), 윌리엄 2세(William II), 헨리 1세(Henry I), 스티븐(Stephen), 헨리 2세(Henry II)의 순이다.

67 W

1930년 1회~1954년 5회 대회까지 월드컵 역대 우승 국가명의 마지막 글자들이다. 1회 우루과이(Uruguay), 2회 이탈리아(Italia), 3회 이탈리아(Italia), 4회 우루과이(Uruguay), 5회 서독(West Germany) 순이다.

68 P

맨 처음 예수 밑에 들어간 제자들의 이름 머리글자다. 베드로(Peter/Petrus), 안드레(Andreas), 야고보(James/Jakobus), 요한(John/Johannes), 빌립(Philip)의 순이다.

69 Y

태양 주위를 도는 행성들의 마지막 글자다. 즉 수성(Mercury)의 Y, 금성(Venus)의 S, 지구(Earth)의 H, 화성(Mars)의 S, 목성(Jupit -er)의 R이다.

70 E

속임수를 쓰지 않고 이 문제를 알아맞힐 경우 천재일 확률이 높다. 지구의 5대륙, 즉 아시아(Asia), 오세아니아(Oceania), 아프리카(Africa), 아메리카(America), 유럽(Europe)의 머리글자들이다.

Traning 10 고급 낱말 찾기

71

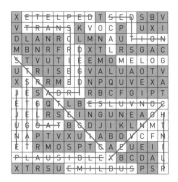

72

```
R E D X S V O U R N O E A I
X E V E E R I A O R M N T H
E I B U U Q U T S U P V M C
L Q G A O V Y L E H A D L A Y
L E R U R L A A P E T T E
T S T P S B G E X B E V Q L G
A L S R G N A D P S N T S O P
P P E S M U Y V T D T
P P F T U M L S D C O B I O
B U S T N S N T Q S C A L
R H U Q L T A R X T L L C H C
S G U T R E E V A T E T A
B T J P M U N H P L E D U
O U K L P D B Y S T G M F G M
E U Q I P E A X A N N O R
```

73

```
R N A H E L A L H P O S V
E S E U G I O P T Y N T O A
B M L G R U L I E N H R N
M O O M U D L A D E G I D Y
H N P O T O R G C B Y Z E G
P R O G E B O O E J Y N O
T A K N R U S R N D E C R L
E L E O N A O B N A E A E O
R E T O P P M S L L R R D
C P G N S M H I A P S T S E
N R K U O T T P G S O A
O S H L S E O O R O P P
C M I Y P O G S T E S A T
T O T J G O O R R N X D O
V A S P X L E H H E L I
```

74

```
U N L Y L E M I T U N H L
I U M B R A D A N J N A T
M T D E U N E U U E I B
I E U S V V D U R C U N
W U D N R O O E N K K V U R
N E G O L S L O N G A N A
N H R O H P L E R U J L A C G
D O A D N U A N E R U U N U
U L R L U N V A O H L R R
N U L E O A N S A M E D B
V N L E E U A S N E A
O T U H F S H P N T B A M
L O G R U P S L S P N L
D U N L O U T P A R S L R P
U N E A L R E C L U R T O
```

75

76

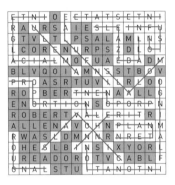

77

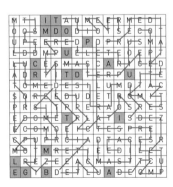

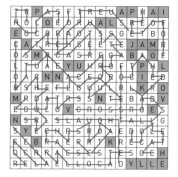

78

멘사코리아

주소: 서울시 서초구 효령로12, 301호

전화: 02-6341-3177

E-mail: admin@mensakorea.org

—

옮긴이 강미경

이화여자대학교 영어교육과를 졸업한 뒤 전문번역가로 활동 중이다. 인문교양, 비즈니스, 문예 등 영어권의 다양한 책을 우리말로 옮겼다. 옮긴 책으로는《컬러 인문학》《작가 수업》《헨리 데이비드 소로》《필수 교양 사전》《프로파간다》등이 있다.

멘사 아이큐 테스트 실전편
IQ 148을 위한

1판 1쇄 펴낸 날 2019년 6월 17일
1판 3쇄 펴낸 날 2024년 2월 10일

지은이 | 조세핀 풀턴
옮긴이 | 강미경

펴낸이 | 박윤태
펴낸곳 | 보누스
등　록 | 2001년 8월 17일 제313-2002-179호
주　소 | 서울시 마포구 동교로12안길 31 보누스 4층
전　화 | 02-333-3114
팩　스 | 02-3143-3254
이메일 | bonus@bonusbook.co.kr

ISBN 978-89-6494-387-8 04410

＊ 이 책은《멘사 천재 테스트》의 개정판입니다.

• 책값은 뒤표지에 있습니다.

IQ 148을 위한
MENSA PUZZLE SERIES

영국 아마존
베스트셀러

30만부
돌파!

과학 분야
베스트셀러

멘사코리아
감수

내 안에 잠든
천재성을 깨워라!

대한민국 2%를 위한
두뇌유희 퍼즐

IQ 148을 위한 멘사 오리지널 시리즈

멘사 논리 퍼즐
필립 카터 외 지음 | 250면

멘사 문제해결력 퍼즐
존 브렘너 지음 | 272면

멘사 사고력 퍼즐
켄 러셀 외 지음 | 240면

멘사 사고력 퍼즐 프리미어
존 브렘너 외 지음 | 228면

멘사 수학 퍼즐
해럴드 게일 지음 | 272면

멘사 수학 퍼즐 디스커버리
데이브 채턴 외 지음 | 224면

멘사 시각 퍼즐
존 브렘너 외 지음 | 248면

멘사 아이큐 테스트
해럴드 게일 외 지음 | 260면

멘사 아이큐 테스트 실전편
조세핀 풀턴 지음 | 344면

멘사 추리 퍼즐 1

데이브 채턴 외 지음 | 212면

멘사 추리 퍼즐 2

폴 슬론 외 지음 | 244면

멘사 추리 퍼즐 3

폴 슬론 외 지음 | 212면

멘사 추리 퍼즐 4

폴 슬론 외 지음 | 212면

멘사 탐구력 퍼즐

로버트 앨런 지음 | 252면